Jan C. Friedemann

200 Tipps für Verkäufer im Außendienst

Jan C. Friedemann

200 Tipps für Verkäufer im Außendienst

Selbstorganisation –
Akquisitionsstrategien –
Verkaufsgesprächstechnik

2., aktualisierte Auflage

GABLER

Bibliografische Information der Deutschen Nationalbibliothek
Die Deutsche Nationalbibliothek verzeichnet diese Publikation in der
Deutschen Nationalbibliografie; detaillierte bibliografische Daten sind im Internet über
<http://dnb.d-nb.de> abrufbar.

1. Auflage 2005
2., aktualisierte Auflage 2010

Alle Rechte vorbehalten
© Gabler Verlag | Springer Fachmedien Wiesbaden GmbH 2010

Lektorat: Manuela Eckstein

Gabler Verlag ist eine Marke von Springer Fachmedien.
Springer Fachmedien ist Teil der Fachverlagsgruppe Springer Science+Business Media.
www.gabler.de

Umschlaggestaltung: KünkelLopka Medienentwicklung, Heidelberg
Satz: ITS Text und Satz Anne Fuchs, Bamberg
Druck und buchbinderische Verarbeitung: MercedesDruck, Berlin
Gedruckt auf säurefreiem und chlorfrei gebleichtem Papier
Printed in Germany

ISBN 978-3-8349-2351-6

Widmung und Dank

Diese Veröffentlichung widme ich den mehr als 9 000 Teilnehmerinnen und Teilnehmern meiner über 500 Seminare „100 Tipps für Verkäufer/innen im Außendienst", die ich in den letzten 40 Jahren erfolgreich durchführte.

Meine Aufgabe war es, den Seminarteilnehmern die Gesetzmäßigkeiten des Beratungsverkaufs zu vermitteln, die daraus abzuleitenden Verhaltensmuster mit ihnen zu trainieren und die Teilnehmer und Teilnehmerinnen auf immer neue oder veränderte, kundenorientierte Marktaufgaben auszurichten. „Gestandene Praktiker" wurden dabei mit neuen Techniken vertraut, und junge, unerfahrene Verkaufsmitarbeiter konnten sich die Erfahrungen der „alten Hasen" erschließen. Vielen Teilnehmern gelang es auf diese Weise, ihre Alltagsprobleme zu lösen und ihre mentale Kondition zu festigen. In unserer gemeinsamen Arbeit haben sowohl die Teilnehmer von mir als auch ich viel von ihnen gelernt.

In unseren Unternehmen sind die Aufgaben, Verantwortungen und Kompetenzen in den Verkaufs- oder Vertriebsorganisationen sehr unterschiedlich geregelt. Deshalb ist es möglich, dass nicht alle hier angebotenen Tipps von allen Verkäufern in sämtlichen Unternehmen angewendet werden können. Es ist aber Aufgabe dieses Buches, mit diesen 200 Tipps das Instrumentarium der zeitgemäßen Verkaufstätigkeit darzustellen – zum Wohle unserer Unternehmen und ihrer Mitarbeiter.

Ich bedanke mich bei allen Seminarteilnehmern für das besondere Vertrauen, das sie mir entgegenbrachten – und auch für die konstruktive und freundschaftliche Grundstimmung, die unsere Zusammenarbeit stets auszeichnete.

Bordesholm, im Frühjahr 2010   *Jan C. Friedemann*

Inhaltsverzeichnis

1. Warum dieses Buch?

Vor vielen Jahren entdeckte ich als junger Außendienstmitarbeiter einer angesehenen Gesellschaft, dass unsere kaufmännischen Bildungsgänge die Kommunikationstechnik vernachlässigten. Weder die kaufmännische Lehre noch das Studium der Betriebswirtschaft boten die psychologischen und soziologischen Grundlagen, deren Kenntnis erforderlich ist, wenn wir Menschen systematisch überzeugen wollen. Bis heute hat sich daran nicht viel geändert.

Häufig wird auch gesagt, Verkaufen könne man nicht lernen. Ein Mensch habe Talent zum Umgang mit Menschen – und ein anderer habe dieses Talent nicht. Diese Auffassung ist nur bedingt richtig. Sicher ist: Es gibt Persönlichkeitsstrukturen, die eine Kommunikation mit anderen erleichtern, und es gibt Strukturen, die eine Kommunikation erschweren. Daneben aber existiert ein großes Potenzial verkaufspsychologischer, rhetorisch-dialektischer und organisatorischer Inhalte, die durchaus erlernbar sind.

Als langjähriger Leiter des Bundesfachseminars für Absatzwirtschaft, als Referent in vielen öffentlichen und betrieblichen Seminaren und als Leiter der RKW-Arbeitskreise Marketing + Vertrieb habe ich seit 1965 mit über 40 000 Verkaufsmitarbeitern und Führungskräften zusammengearbeitet. Dabei habe ich die Lehr- und Lernbarkeit verkäuferischer Wissensinhalte und Verhaltensnormen praxisnah erlebt.

In diesem Buch habe ich Theorien unterschiedlicher Disziplinen mit den Anforderungen der täglichen Praxis verknüpft. Dabei stand die Praxis im Vordergrund, denn Verkäufer mögen keine Theorien. Sie suchen „handfeste" Tipps, die sie sofort in ihrer alltäglichen Verkaufspraxis einsetzen können.

Die 200 Tipps sollen allen Verkäufern helfen, die erfolgreich an industrielle Kunden, gewerbliche Kunden oder an Handelskunden verkaufen wollen. Mit dieser Ausarbeitung verfügen Sie über die grundlegenden organisatorischen, verkaufspsychologischen, gesprächstechnischen und rhetorischen Gesetzmäßigkeiten des Beratungsverkaufs, die Sie zum Erfolg führen oder die Ihren Erfolg sichern. Als Führungskraft oder Verkaufstrainer erhalten Sie mit diesem Buch den kompletten, didaktisch strukturierten Lehrstoff für die verkäuferische Weiterbildung.

1.1 Die Philosophie des Verkaufens

Der Begriff Philosophie erscheint in diesem Zusammenhang auf den ersten Blick recht anspruchsvoll. Befasst man sich mit diesem Thema aber genauer, stellt man recht bald fest, dass für das Verkaufsgeschehen tatsächlich eine in sich selbst stimmige geistige Grundhaltung erforderlich ist.

Im Verkauf müssen alle organisatorischen, verkaufspsychologischen und rhetorisch-dialektischen Maßnahmen auch unabhängig voneinander dieselbe geistige Grundhaltung vermitteln. Nur so können Sie glaubhaft und überzeugend im Markt agieren.

Es gibt sehr unterschiedliche philosophische Ansätze im Verkaufsgeschehen. Da haben wir einmal die kalt-rationale, auf schnellen Verkaufserfolg zielende Ausrichtung, deren Grundsatz lauten könnte: „Nur der messbare Soforterfolg zählt, der Zweck heiligt das Mittel, und Ethik darf uns nicht behindern." Diese Ausrichtung verlangt das Feindbild Kunde. Es gilt, den Kunden notfalls unfair und rücksichtslos zu besiegen – zum eigenen Nutzen. Ein *Beispiel:* Im Verkaufstraining einer bekannten, großen Gesellschaft schrie der Trainer den Rollenspiel-Verkäufer an, indem er auf den Rollenspiel-Kunden wies: „Mein Gott, jetzt geh' aber endlich ran! Das Schwein hat deine Provision in der Tasche. Hol' sie dir!" Ich halte diese Grundhaltung für unmoralisch, verwerflich – und für völlig unzweckmäßig, weil man mit Menschenverachtung keine Menschen gewinnen kann.

Unabhängig davon, ob ein Kunde zuletzt abschließt oder nicht, wird er die eingesetzte Bösartigkeit bewusst oder unbewusst wahrnehmen – und damit wird er zum dauerhaften Negativ-Multiplikator. Hinzu kommt, dass diese ausschließlich eigennützige Vorgehensweise zwangsläufig zu „High-Pressure Selling" führt. Und jeder Verkauf, der dem Kunden nicht nützt, schadet Verkäufern und damit auch ihren Unternehmen.

Wir sehen heute im Kunden keinen Feind, ja noch nicht einmal einen Außenstehenden. Der Kunde gehört zu uns und ist lebendiger Bestandteil unserer Organisation. Der zeitgemäße Verkäufer zielt nicht auf den vordergründigen Augenblickserfolg, sondern auf langfristige partnerschaftliche Zusammenarbeit. Er setzt sich für die Interessen seiner Kunden ein und damit für die Interessen seiner Gesellschaft.

Diese positive Philosophie verleiht die Kraft und die Glaubwürdigkeit, die notwendig sind, um Menschen zu überzeugen – und Kunden lange zu binden. Darüber hinaus schafft diese Grundhaltung viele zuverlässige Positiv-Multiplikatoren. Die oberflächliche Behauptung, diese Grundhaltung sei einem schwächlichen Verkaufsstil gleichzusetzen, verrät wenig Lebenserfahrung. Das eine hat mit dem anderen nichts zu tun. Auch Verkäufer mit Gangster-Moral können kraftlos und müde sein.

Selbstverständlich kann nur erfolgreich wirken, wer seine ganze Kraft zielorientiert, geplant, intelligent – und mit hohen Anforderungen an sich selbst – auf die optimale Erfüllung seiner Aufgaben konzentriert. Und selbstverständlich müssen Verkaufsabschlüsse rationell, kosten- und nutzenorientiert angestrebt werden.

1.2 Beraten oder verkaufen?

Der Begriff „Verkäufer" wird vielfach noch immer unzulässig gleichgesetzt mit dem „Berufsbild" derer, die an Haustüren verkaufen und den Fuß in den Türspalt stellen. Dieses Negativ-Image wollen viele nicht übernehmen und distanzieren sich vom Begriff „Verkäufer". Dies ist die eigentliche Ursache dafür, dass viele Mitarbeiter in den Verkaufsinnen- und Verkaufsaußendienstorganisationen andere Berufsbezeichnungen wählen. Da gibt es Kundenberater, Fachberater, Gebietsrepräsentanten, Regionalbeauftragte, Bezirksdirektoren, Salesmanager und vieles mehr.

Der Beruf des Verkäufers ist zu allen Zeiten wichtig gewesen. Doch besonders unsere Märkte heute sind in nahezu allen Branchen geprägt von großem Angebot und vergleichsweise geringer Nachfrage. Aber alle Unternehmen müssen die von ihnen erstellte Leistung verkaufen. Nur dann fließt Geld. Nicht umsonst hat heute Marketing in allen Unternehmen einen hohen Stellenwert. Viele Mitarbeiter, besonders in großen Unternehmen, haben bis heute nicht begriffen, dass die Kunden sie ernähren. Auch die größten Unternehmen der Welt müssen „die Segel streichen", wenn ihre Kunden aufhören zu kaufen.

Deshalb sei nochmals betont: Verkauf ist eine volks- und betriebswirtschaftlich erforderliche Aufgabe, deren Erfüllung gerade heute im verschärften, internationalisierten Wettbewerb höchste Qualifikation verlangt – und darum auch hohe Anerkennung erfährt. Die Verkaufsaufgabe ist nicht herabsetzend, sie ist aufwertend. Und die Frage „Beraten oder Verkaufen?" stellt sich nicht wirklich.

2. Persönlichkeit und Selbstorganisation

Menschen verfügen über sehr unterschiedliche Persönlichkeitsstrukturen und sind deshalb für die Erfüllung bestimmter beruflicher Aufgaben mehr oder weniger geeignet. Auch die beruflichen Aufgaben sind sehr unterschiedlich. Darum gibt es für jede Persönlichkeitsstruktur auch die geeigneten Aufgaben. Dies kann (muss aber nicht) die Aufgabe „Verkauf" sein.

In einem zumeist unbewussten Kompensationsbegehren suchen wir uns im Leben oft gerade die Aufgaben heraus, die uns besonders wenig liegen. Damit sind Kampf, Misserfolg und manchmal auch Frustration vorprogrammiert. Wir verlieren durch vergebliche Bemühungen viel Zeit, die wir erfolgreicher in Aufgabenbereichen einsetzen können, die uns liegen.

Ich habe viele Verkaufsmitarbeiter ausbilden und auch längerfristig begleiten können. Es kristallisierte sich dabei eine bestimmte Persönlichkeitsstruktur heraus, die offenbar für die erfolgreiche Erfüllung der Verkaufsaufgabe besonders geeignet ist.

2.1 Persönlichkeitsmerkmale erfolgreicher Verkäufer

Erscheinungsbild

Unser Outfit ist zeitabhängig. Es unterliegt soziodemografischen und modischen Beeinflussungen. Die Bereitschaft aber, sich gegen oder für bestimmte Stilrichtungen zu entscheiden, entwickeln wir selbst und machen damit Teile unserer Persönlichkeit deutlich. Menschen gleicher Wertegefüge bilden Gruppen. In diesen Gruppen gelten definierte Werte als positiv oder als negativ. Die Mitglieder einer Gruppe beurteilen Menschen nach diesen Gruppenwertmaßstäben. Deshalb werden einzelne Menschen von diesen Gruppen akzeptiert und gelten als vertrauenswürdig, andere Menschen dagegen werden von einer Gruppe abgelehnt und erfahren Misstrauen.

Das Erscheinungsbild erfolgreicher Verkäufer ist deckungsgleich mit der Erwartungshaltung ihrer Kunden und entspricht den positiven Werten der jeweiligen Zielgruppe. Erwarten Sie deshalb nicht, dass etwa ein konservativer mittelständischer Unternehmer Sie als besonders vertrauenswürdigen Berater erlebt, wenn Sie mit (für ihn) exotischen Details wie Ohrringen, Zopf oder anderen (heute) progressiven Merkmalen auftauchen.

Prüfen Sie sich selbst: Wenn Sie die Werte Ihrer Kundengruppe hassen oder lächerlich finden, wenn Sie Ihr Erscheinungsbild nicht auf die positiven Werte dieser Gruppe einstellen wollen oder können, dann arbeiten Sie möglicherweise in einer für Sie ungeeigneten Branche.

> **Tipp 1: Bringen Sie Wertmaßstäbe und Erscheinungsbild in Einklang**
>
> Ermitteln Sie die bei Ihren (potenziellen) Kunden überwiegend vorherrschenden Wertmaßstäbe und richten Sie Ihr Erscheinungsbild darauf aus.

Fachliches Interesse

Sie müssen nicht unbedingt Diplomingenieur sein oder Informatik studiert haben, um Maschinen oder Software zu verkaufen. Aber Sie sollten Ihre Produkte oder Dienstleistungen und deren betriebswirtschaftliche und technische Nutzenargumente genau kennen. Und Sie müssen sich für die technischen oder betriebswirtschaftlichen Belange Ihrer (potenziellen) Kunden wirklich interessieren. Sonst können Ihre Kunden Sie nicht als wertvollen Partner erleben.

> **Tipp 2: Verstehen Sie sich als Unternehmensberater**
>
> Entwickeln Sie das Selbstverständnis der „Unternehmensberatung". Lösen Sie die Probleme Ihrer (möglichen) Kunden mit Ihrem Fachwissen und Ihren Waren- oder Dienstleistungen.

Kontaktstärke

Wir unterscheiden introvertierte und extravertierte Menschen. Der introvertierte Typus legt keinen besonderen Wert auf Kontakte zu anderen, ist gern allein, fühlt sich überwiegend von anderen gestört oder behindert. Bestenfalls bequemt er sich zu einem Kontaktversuch, wenn ein anderer auf ihn zugeht und mit der Kontaktaufnahme beginnt. Dieser Typus betont häufig, er sei durchaus kontaktbereit und auch -fähig. Er bestimme aber selbst, zu wem er Kontakt aufnehme.

Der extravertierte Mensch fühlt sich wohl unter Menschen; er braucht sie. Er hat Freude am Umgang mit anderen. Er nimmt von sich aus Kontakt mit anderen auf und „öffnet" sie für sich und seine Anliegen. So überwindet er die Anfangsfremdheit und entwickelt belastbare Beziehungsebenen.

Beratungsverkauf und Face-to-face-Überzeugungsarbeit ist nur im Kontakt mit Menschen möglich. Eine gut entwickelte Kontaktfähigkeit und -willigkeit ist deshalb Voraussetzung für erfolgreiches Verkaufen.

Tipp 3: Gehen Sie auf fremde Menschen zu

Sind Sie sicher, dass Sie über eine ausgeprägte Kontaktfähigkeit und -willigkeit verfügen? Wenn Sie Zweifel haben, dann trainieren Sie. Gehen Sie auf fremde Menschen zu und entwickeln Sie lockere Gespräche. Je schwerer Ihnen dieses Vorgehen fällt, umso wichtiger ist es, dass Sie es tun.

Persönliche Sicherheit

Der unsichere Mensch verrät seine Unsicherheit durch offensichtliche Zurückhaltung – oder durch Überheblichkeit. Weil er nicht sicher ist, weiß er nicht genau, wie sich Sicherheit darstellt – und wo Unsicherheit beginnt. Unsichere Menschen wissen und können oft sehr viel. Sie vermögen dies aber kaum anderen zu vermitteln. Im Verkauf ist der „erste Eindruck" dann oft verpatzt. Zum zweiten Eindruck kommt es gar nicht mehr.

Verkaufspsychologie und Gesprächstechniken sind lehr- und lernbar. Unsicherheit und Hemmungen dagegen lassen sich nur langfristig überwinden – wenn überhaupt. Gelegentlich zeigen bestimmte Persönlichkeitsentfaltungs-Seminare durchaus erkennbare Verbesserung. Aber Vorsicht: Unter den Anbietern gibt es auch schwarze Schafe und sie können erheblichen Schaden anrichten. Erfolgreiche Verkäufer sind ausgeprägt sicher. Sie fühlen sich als regieführend im Mittelpunkt des Geschehens. Sie nehmen sich nur dann zurück, wenn sie ihren Gesprächspartnern Raum zur Entwicklung einräumen wollen – oder wenn es ihnen aus anderen Gründen zweckmäßig erscheint.

Tipp 4: Stärken Sie Ihre Sicherheit autosuggestiv

Ihre Sicherheit können Sie autosuggestiv stärken. Vergleichen Sie sich nie mit anderen. Es gibt immer stärkere und immer schwächere Menschen. Darum vergleichen Sie Ihr Verhalten immer nur mit Ihren eigenen Möglichkeiten. Erfüllen Sie Ihre Aufgaben stets mit Ihrer ganzen Kraft. Mehr ist nicht möglich. Das wissen Sie genau – und das macht Sie sicher.

Sie sind gut vorbereitet, kennen Ihre Produkte besser und wissen um die geplante Gesprächsstruktur – Ihr Kunde nicht. Hinzu kommt: Sie haben das anstehende Gespräch schon oft geführt. Der Kunde führt es zum ersten Mal. Mit dieser Überlegenheit können Sie nicht unsicher sein.

Ehrgeiz

Ehrgeiz ist in normaler bis starker Ausprägung ein durchaus gesunder Antrieb. Ein Mensch, der nichts bewirken will, wird planmäßig auch nichts erreichen. Alle erfolgreichen Verkäufer sind ehrgeizig. Der Wunsch nach Befriedigung des Ehrgeizes ist ein sehr starker Antrieb für verkäuferische Aktivität.

Erfolgreiche Kundengespräche machen Verkäufer glücklich, und misslungene Gespräche sorgen für Ärger, Wut oder Enttäuschung. Dieser Ehrgeizantrieb wird durch gesunde Eitelkeit und gemäßigtes Geltungsbedürfnis noch verstärkt.

Tipp 5: Genießen Sie Ihre Erfolge

Hüten Sie sich vor Routine. Genießen Sie jeden Ihrer Erfolge, so wie sich ein Kind darüber freut, wenn ihm ein Turm aus Bausteinen gelungen ist. Wenn man Sie auf Ihren Ehrgeiz anspricht, dann geben Sie dies unumwunden zu. Diese Offenheit schafft Sympathie.

Willenskraft

Was nützt der Ehrgeiz, wenn er nicht zu befriedigen ist, weil die Willenskraft fehlt. Er nützt überhaupt nicht, ja er schadet. Oft entwickeln Menschen eine für sie kaum auflösbare Stress-Situation, wenn scharfer Ehrgeiz mit Willenschwäche gekoppelt ist. Erfolgreiche Verkäufer verfügen über erhebliche Willenskraft, die sie (leider) verbunden mit

Kampfbereitschaft und Mut in gefährliche Konfliktsituationen führen können. So manche Führungskraft hat dies leidvoll erfahren.

Tipp 6: Berücksichtigen Sie die Interessen anderer

Versuchen Sie nicht, Ihren Willen gradlinig gegen die Interessen anderer durchzusetzen. Entwickeln Sie Ziele und streben Sie diese Ziele unter Berücksichtigung der Interessen der Beteiligten diplomatisch an.

Zähigkeit

In vielen Situationen braucht der Verkäufer eine „Bulldoggenmentalität" (zubeißen und unter allen Umständen festhalten). Viele junge Mitarbeiter ohne Verkaufserfahrung haben ein zu „dünnes Fell". Sie haben nicht die Kraft und die Zähigkeit, auf Dauer den ungewöhnlichen Belastungen, Kränkungen, Zurückweisungen (und auch Hinauswürfen) im Verkaufsgeschäft standzuhalten. Sie sind nicht ausreichend belastbar.

Tipp 7: Lassen Sie sich nicht kränken

Kränkungen und Zurückweisungen können nur den treffen, der seine Selbstwertbestimmung an der Meinung anderer ausrichtet. Sie aber wissen um Ihren Wert. Der Kunde kennt Sie nicht. Darum bleiben Sie unbelastet – und versuchen Sie weiter, den Kunden zu überzeugen. „Auge um Auge, Zahn um Zahn" führt hier nicht weiter.

Mut

Es gehört schon Mut dazu, fremde Menschen anzurufen, die Sie weder sprechen noch sehen wollen. Es gehört Mut dazu, Unternehmer, Vorstände oder Geschäftsführer aufzusuchen, die sich auch ohne Sie glücklich wähnen, und es gehört Mut dazu, Kunden „bittere" Wahrheiten zu sagen. Erfolgreiche Verkäufer sind mutig. Sie gehen unvermeidbaren Konflikten nicht aus dem Weg – und viele fahren ihre Dienstwagen zu schnell. Risiken ziehen sie an; sie wollen sie überwinden.

> ### Tipp 8: Haben Sie keine Angst vor Kunden
>
> Kunden wollen und können Ihnen den Kopf nicht „abreißen".
> Schlimmstenfalls können Sie nur „nein" sagen. Dann fragen Sie die
> Neinsager, warum sie nein sagen. Und wenn wirklich alles nicht hilft,
> dann wenden Sie sich gelassen dem nächsten Kunden zu.

Aktivität

Die Aktivität erfolgreicher Verkäufer kann sich oft bis zur Hektik steigern. Beruflich werden häufig mehrere Aktivitäten (Telefonieren, Schreiben, Fahren) gleichzeitig betrieben. Urlaube werden häufig zu abenteuerlichen Belastungssituationen statt zu Erholungsphasen. Die Feierabende und Wochenenden werden oft für anstrengende Aktivitäten genutzt. Erlebnishunger, Bewegungstrieb, Neugier, Selbsterfahrung und Selbstdarstellung sind die treibenden Motive. Die meisten erfolgreichen Verkäufer sind überwiegend sehr aktiv – beruflich und privat.

Sensitivität

Sensitivität bedeutet in diesem Zusammenhang die Fähigkeit, Gesprächspartner genau zu beobachten und aus Körperhaltung, Mimik, sachlicher Aussage und sprachlicher Interpretation zu erkennen, was Gesprächspartner denken und fühlen. Hinzu kommt die flexible Abstimmung des eigenen Verhaltens auf die ermittelten Muster. Diese Sensitivität ist durchaus erlernbar. Spitzenausprägungen sind dagegen Bestandteile der Persönlichkeitsstruktur.

Erfolgreiche Verkäufer sind zwar „bullige" Kämpfernaturen, verfügen aber auch über ausgeprägte Sensitivität. Die Kombination dieser scheinbar gegenläufigen Tendenzen ist eines der „Geheimnisse" des Verkaufserfolgs.

> ### Tipp 9: Aktivieren Sie Ihre Sensitivität
>
> Achten Sie auf die Körperhaltung, die Mimik und die Gestik Ihrer Gesprächspartner – und auf die Klangfarbe und Inhalte ihrer Aussagen.
> Sehr schnell werden Sie die Zusammenhänge erkennen und sich darauf einstellen.

Die vorgestellten zehn Kriterien der Persönlichkeitsstruktur erfolgreicher Verkäufer sind empirisch ermittelt. Es ist aber keineswegs erforderlich, über alle zehn Merkmale zu verfügen, um im Verkauf erfolgreich zu sein. Wenn Sie neugierig darauf sind, Ihre eigenen verkäuferischen Möglichkeiten zu entdecken, dann testen Sie sich selbst. Der nachfolgende Test basiert auf Arbeiten von Prof. MacLean (Direktor des Instituts für Hirn- und Verhaltensforschung in Bethesta, USA). Dieser Test berücksichtigt mehrere unterschiedliche Qualifikationen. Dabei gibt es kein „Geeignet" oder „Ungeeignet". Jeder Mensch hat bestimmte Chancen; er muss sie nur wahrnehmen, um sie nutzen zu können.

Und nun zum Test selbst: Wenn Sie annehmen, dass eine Aussage auf Sie zutrifft oder überwiegend auf Sie zutrifft, dann kreuzen Sie die Aussage bitte an. Wenn eine Aussage nicht oder überwiegend nicht zutrifft, dann kreuzen Sie die Aussage bitte nicht an. Versuchen Sie dabei kühl und objektiv zu bleiben. Wenn Ihre Befürchtungen (wie Sie befürchten zu sein) oder Ihre Hoffnungen (wie Sie hoffen zu sein) einfließen, kann dies zu Verfälschungen führen.

Wenn Sie kein Interesse daran haben, mehr über sich selbst zu erfahren, dann überschlagen Sie einfach diesen Selbsttest.

2.2 Selbsttest: Eignungspsychogramm

1. Ich nehme von mir aus häufig und gern Kontakt zu mir bis dahin völlig fremden Menschen auf.

2. Oft entwickle ich ein ausgesprochenes „Fingerspitzengefühl" und lasse mich gern davon leiten.

3. Sehr häufig treffe ich spontan schnelle Entscheidungen.

4. Wenn ich mich aufgeregt habe, dann muss ich zunächst allein damit fertig werden und ziehe mich zurück.

5. Es ist besser, wenige gute Freunde zu haben als einen großen Freundeskreis.

6. Gelegentlich verfüge ich über gewisse Ahnungen, die sich später zumeist auch bestätigen.

7. Ich verfüge über besonders schnelle Reaktionen, wenn es gilt, Gefahren zu begegnen.

8. Die Vergangenheit ist oft nur „Schnee von gestern", und Erfahrungen sagen oft nur, was gestern richtig war. ❑

9. Mathematik hat mir in der Schule stets mehr Freude gemacht als Biologie oder Physik. ❑

10. Ich kann oder will meine Gefühle nicht jedem zeigen. Deshalb werde ich oft als „unterkühlt" eingeschätzt. ❑

11. Ich sehne mich oft nach der Sorglosigkeit, der Geborgenheit und nach den Träumen meiner Jugend. ❑

12. Wenn ich mir etwas „in den Kopf setze", dann setze ich es auch durch. ☒ Z

13. Ich denke oft an die Zukunft und richte mein Handeln bereits heute auf zukünftige Gegebenheiten aus. ☒ G

14. Zumeist brauche ich Menschen um mich, weil ich mich sonst schnell einsam fühle. ☒ S

15. Ich bin schon recht eitel, gebe es aber nicht gerne zu. ☒ Z

16. Ich gelte als sehr pünktlich und habe meine zeitlichen Dispositionen „fest im Griff". ☒ G

17. Unter fremden Menschen fühle ich mich zumeist recht unbehaglich. ❑

18. Ich gelte als besonnen, freundlich und verträglich. ☒ S

19. Zuverlässiger als die meisten Theorien sind Erfahrungen. Ich lasse mich deshalb gern von ihnen leiten. ☒ S

20. Wenn ich mit anderen zusammenarbeite, gebe ich gern den Ton an. ☒ Z

21. Ich plane alle meine Aktivitäten und halte mich an meine Pläne. ❑

22. Man sollte nicht gleich mit allen Menschen vertraut sein. Ein bisschen Distanz kann nichts schaden. ☒ G

23. Die Anerkennung durch andere Menschen hat für mich einen sehr hohen Stellenwert. ☒ Z

24. Gelegentlich habe ich plötzlich Einfälle (Intuitionen), denen ich gern nachgehe. ☒ S

25. Nach Ärger mit anderen Menschen muss ich mich aussprechen, mir alles von der Seele reden.

26. Mit exakten theoretischen Vorbereitungen kann man in der Praxis viele Fehler vermeiden.

27. Ich habe einen sehr großen Freundeskreis.

28. Ich bin recht lärmempfindlich und verhalte mich deshalb zumeist auch leise.

29. Wenn ich mich aufrege, dann fliegen die Fetzen (Lautwerden, Türen knallen, auf den Tisch hauen).

30. Wenn ich unter Leuten bin (auf Gesellschaften, Partys), dann bin ich gern im Mittelpunkt.

Testauswertung

Zuordnung Ihrer Kreuze:
Versehen Sie jetzt bitte Ihre Kreuze mit Buchstaben nach der folgenden Tabelle:
(Aussage-Nr. = Buchstabe)

01 = S	06 = S	11 = S	16 = G	21 = G	26 = G
02 = S	07 = Z	12 = Z	17 = G	22 = G	27 = S
03 = Z	08 = Z	13 = G	18 = S	23 = Z	28 = G
04 = G	09 = G	14 = S	19 = S	24 = S	29 = Z
05 = G	10 = G	15 = Z	20 = Z	25 = S	30 = Z

Als Nächstes zählen Sie nun die Buchstaben und tragen die ermittelten Werte in die nachstehende Tabelle ein.

Testergebnis/Gewichtung:

Anzahl der S-Kreuze	1
Anzahl der Z-Kreuze	8
Anzahl der G-Kreuze	4

Hinweise zu Ihrer Persönlichkeitsstruktur ergeben sich aus der Anzahl der Kreuze. Beispiel: Wenn Sie mehr S-Kreuze als Z- oder G-Kreuze haben, dann verfügen Sie über eine S-Dominanz.

20

Die Bewertung Ihres Testergebnisses, Erklärungen zu den Dominanzen und zum wissenschaftlichen Hintergrund des Tests finden Sie auf den Seiten 187 bis 189. Wenn Sie die Erklärungen lesen, bevor Sie die für Sie geltenden Aussagen angekreuzt haben, ist der Test für Sie wertlos.

2.3 Die mentale Kondition

Kennen Sie mentale Tiefs?

Die Leistungsgesellschaft verlangt von uns eine permanente, hochausgeprägte Kondition ohne Stimmungsschwankungen. Ständig müssen wir darstellen, dass wir jederzeit bereit sind, lachend und siegessicher mit hundert Prozent unserer Kraft Berge zu versetzen. Wer diese Rolle nicht spielt, ist nicht „in", niemand traut ihm besondere Leistung zu und hält ihn für einen „Loser".

Nur wenige wagen es deshalb zu bekennen, dass der Mensch in Rhythmen lebt, Rhythmen, die „Hochs" und „Tiefs" haben, und dass es eine permanente Höchstkondition nicht gibt. Auch Führungskräfte wissen dies und erfahren es am eigenen Leib. Dennoch versuchen einige, mit unrealistischen Vorbildgebungen zu motivieren – und verlangen das Unmögliche.

Selbstverständlich ist es völlig richtig, wenn Führungskräfte ihre Mitarbeiter motivieren wollen. Dies ist tatsächlich ein wesentlicher Teil der Führungsaufgabe. Nur die Ignoranz unserer Rhythmen bringt uns nicht weiter. Ganz im Gegenteil: Führungskräfte müssen die Rhythmen ihrer Mitarbeiter erkennen und ihnen helfen, möglichst schnell und nachhaltig aus „Tiefs" herauszukommen.

Wer diese Überlegungen für eine Philosophie der Schwäche hält, braucht nur die Leistungsschwankungen der Hochleistungssportler zu verfolgen. Völlig unabhängig von körperlichen Behinderungen schwanken die Höchstleistungen beträchtlich. Eine Tennisspielerin schlägt zum Beispiel heute die Nummer 1 in zwei Sätzen – und verliert morgen gegen eine Provinzspielerin, von der wir bis dahin nicht wussten, dass es sie gibt.

Für unsere mentale Kondition können unterschiedliche Ursachen verantwortlich sein. Ich habe beispielsweise einen sehr erfolgreichen Verkäufer erlebt, der ohne erkennbaren Grund plötzlich in eine Serie von

Niederlagen geriet. Ganz gleich, was er tat, kein Kunde war zu überzeugen, kein Kunde wollte abschließen. Seine Kollegen halfen ihm, zeigten ihm, dass sie ihn nach wie vor voll akzeptierten, und sein Vorgesetzter „richtete es ein", dass er an eine Aufgabe geriet, die ihm besonders lag. Mit dem ersten Abschluss war dann das Eis gebrochen. Der gewohnte Erfolg trat wieder ein.

Wenn man diesen Einzelfall betrachtet, gibt es zunächst zwei Möglichkeiten. Die erste ist, dass es sich einfach um das Gesetz der Serie handelte, wie beim Roulette. Normalerweise wechseln sich Rot und Schwarz recht zügig und ausgeglichen ab. Dann kommt aber plötzlich elfmal Schwarz hintereinander. Derartige Serien gibt es auch im Verkauf. Wenn Sie dieses Gesetz erkennen und nicht an sich zweifeln, halten Sie die Serie kürzer. Wenn Sie aber den Mut verlieren und sich nichts mehr zutrauen, dann verlängern Sie sie.

Die andere Möglichkeit ist, dass der Beginn der Niederlagenserie von einem Mitarbeiter selbst verursacht wurde. Vielleicht wurde er durch körperliche Beschwerden, durch familiäre Ereignisse, durch unerfüllte Wünsche oder andere Faktoren mental angeschlagen. Deshalb kam es dann zu ersten Niederlagen, die das Selbstbewusstsein erschütterten. Nun schwächer geworden, war die zweite Niederlage wahrscheinlich und die dritte nahezu unvermeidlich.

So genannte Leistungsträger werden von ihrer Umwelt als eine Quelle von Kraft und ständiger Zuverlässigkeit angesehen. Bei ihnen werden auch schwerste Depressionen, die tödlich enden können, am leichtesten übersehen.

Fred Goodwin (Direktor des National Institut of Mental Health, Washington 1993)

Eine schwache mentale Kondition ist sicherlich noch keine Depression. Dennoch, gelegentlich verfallen die meisten Menschen in depressive Zustände. Das Thema ist etwas heikel, weil es in Deutschland noch immer als negativ gilt, sich psychotherapeutisch behandeln zu lassen. In den USA haben die Menschen so selbstverständlich ihren Psychotherapeuten wie wir unseren Zahnarzt.

Prüfen Sie doch einmal selbst, ob Sie einen der beiden Zustände schon einmal (oder mehrfach) erlebt haben:

- Ein Mensch wirkt ohne erkennbaren Grund besonders gereizt. Er vergisst Termine und äußert überwiegend pessimistische Ansichten, zwingt sich jedoch zu einem Lächeln – und führt seinen miserablen Zustand auf körperliche Beschwerden, Leiden oder äußere Umstände zurück.

- Ein Mensch wirkt resigniert oder frustriert, obgleich es dafür keinen erkennbaren Anlass gibt und die letzte Enttäuschung schon weit zurückliegt. Diese letzte Enttäuschung wird von ihm aber ständig aktualisiert.

Herzlichen Glückwunsch, wenn Sie beide Zustände an sich noch nicht erlebt haben! Aber dann sind Sie eine Ausnahme. Die meisten Menschen haben – wenn nicht gerade Depressionen – mentale Tiefs, die ihre gesunde Entwicklung behindern. Es nützt nichts, dieses Problem zu verdrängen; wir sollten es lösen.

Unsere heutigen Lebensformen, neue Kommunikationstechniken und ein erkennbarer Wertewandel haben neben nicht zu bestreitenden Vorteilen auch zu Nachteilen geführt. Wir suchen Selbstverwirklichung und erfahren Fremdbestimmung. Wir suchen Liebe und Gewaltlosigkeit und erleben Hass und Brutalität. Wir streben eine lebenswerte Umwelt an und erleben täglich nachhaltige Beschädigungen eben dieser Umwelt. Deshalb: Wir leben in Disharmonien – und das ist nicht gesund.

Unsere mentalen „Tiefs" können sich in unseren Verkaufsgesprächen sehr gefährlich auswirken. Auch wenn wir uns die größte Mühe geben, wir können sie im Gespräch mit Kunden nicht verbergen. Die Mutlosigkeit, Resignation oder die unterdrückte Gereiztheit des Verkäufers wird vom Kunden wahrgenommen und manchmal auch „gespiegelt". Das heißt, der Kunde übernimmt die Grundhaltung des Verkäufers und lehnt ab, weil „der Kauf ja doch nur Geld kostet".

Wir putzen uns die Zähne, duschen und kümmern uns um unsere körperliche Hygiene. Unsere nicht-physische Existenz – nennen wir es die Seele, das Ich oder den Geist und unsere Emotionen – überlassen wir zufälligen Umfeldgegebenheiten oder ordnen sie vordergründigen Zweckmäßigkeiten unter.

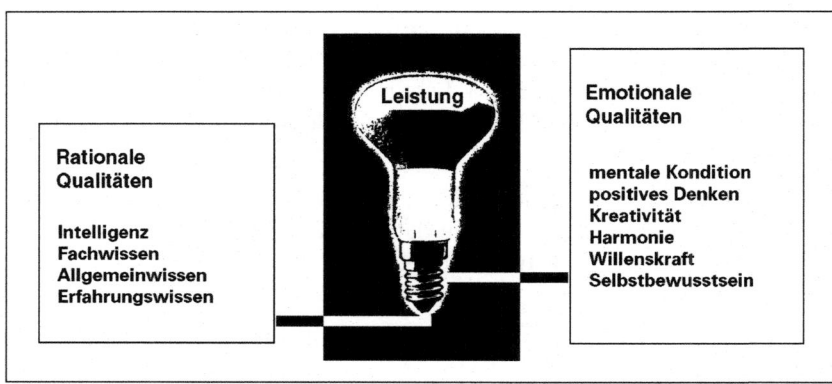

| Rationale
Qualitäten

Intelligenz
Fachwissen
Allgemeinwissen
Erfahrungswissen | Leistung | Emotionale
Qualitäten

mentale Kondition
positives Denken
Kreativität
Harmonie
Willenskraft
Selbstbewusstsein |

Abbildung 1: Das Zusammenspiel von rationalen und emotionalen Qualitäten

Tipp 10: Stärken Sie Ihre mentale Kondition

Wenn Ihre mentale Kondition konstant geschwächt ist und damit Ihren möglichen Erfolg verhindert, sollten Sie einen Weg zur Korrektur wählen, der Ihnen besonders liegt. Es gibt körperliche und geistige Wege sowie technisch unterstützte Verfahren.

Wege aus dem mentalen Tief

Die körperlichen Wege:	Die geistigen Wege:
• Bewegung und aktiv Sport treiben	• Religion und Philosophie
• Atemübungen	• Hobbys
• Muskelentspannungsübungen	• kulturelle Interessen
• Ernährung	• medizinische Therapien
• Verzicht auf Gifte	• Autosuggestion
• mehr Schlaf	• Psychoimagination
• medizinische Therapien	• geistige Entspannungsübungen

Technisch unterstützte Verfahren:

Brain-Technik: Schon vor ca. 75 Jahren erkannte der Arzt Paul Berger, dass das menschliche Gehirn ständig Ströme produziert, deren Frequenz durch Entspannung und Meditation abnimmt (Wachzustand 30 Hertz bis Tiefschlaf 1 bis 3 Hertz). Die Brain-Technik hat das Ziel, die Frequenz der Hirnströme auf ein möglichst niedriges Niveau herabzusetzen, um dadurch Entspannung zu bewirken.

Space Shuttle: Der Mensch liegt isoliert in einem Tank und wird über Licht, Farbe, Wärme, Musik, Ionisierung und gesprochene Suggestion stimuliert. Gesteuert über ein spezielles Programm, wird der Nutzer in tiefe Entspannung geführt. Das Space Shuttle wird von vielen US-Managern bevorzugt. Darum finden wir das Gerät in vielen großen Tagungshotels in den USA.

Mind-Machines: Über Kopfhörer und eine mit Lämpchen bestückte dunkle Brille, zum Teil auch mit einem Atemsensor verbunden, verursachen die Mind-Machines eine gezielte Tonfolge, die mit Lichterscheinungen gekoppelt ist. Je nach Taktfolge bewirken die Programme Entspannung, Konzentration oder Kreativität. Bei einigen Machines wird auch gesprochene Suggestion eingeblendet. Mit Elektro-Enzephalogrammen lässt sich nachweisen, dass sich das Gehirn des Nutzers auf die vorgesehene Frequenz einstellt.

Elektrostimulation: Elektrostimulationsgeräte geben schwache Stromimpulse zwischen 25 und 500 Microampere an das Gehirn des Nutzers ab. Dies geschieht über kleine Elektroden, die ans Ohr geklemmt werden. Durch diese elektrischen Reize werden Endorphine (Glückshormone) ausgeschüttet, die zu Wohlbefinden und zur Verbesserung der mentalen Kondition führen. (Die Geräte werden auch in der Bekämpfung von Suchtkrankheiten eingesetzt.)

Bio-Feedback: Diese Geräte machen Körpersignale hör- und sichtbar. Sensoren messen Hirnwellen, Hautwiderstand, und Muskelspannung. Die Werte und Wertekombinationen verlaufen parallel mit bestimmten mentalen Zuständen. Die Forschung erklärt, dass allein das Wissen um die aktuelle Verfassung dem Menschen Korrekturmöglichkeit bietet.

Tipp 11: Sorgen Sie für ausreichend Sport und Bewegung

Bei sportlichen Aktivitäten oder anderen belastenden Bewegungen werden Endorphine, so genannte Glückshormone, ausgeschüttet. Sportlehrer erklären, die positiv stimulierende Wirkung dieser Endorphine sei so stark, dass vereinzelt Suchterscheinungen, beispielsweise bei Joggern, zu beobachten seien.

Tipp 12: Überprüfen Sie Ihre Ernährungsgewohnheiten

Unsere tradierte Ernährung (Omas Küche) sorgt dafür, dass wir bis zu 65 Prozent unserer Energie für den Verdauungsprozess benötigen. Es gibt heute eine Anzahl erprobter Ernährungstherapien, die zum körperlichen und damit auch zum geistigen Wohlbefinden entscheidend beitragen.

Tipp 13: Gönnen Sie sich genügend Schlaf

Die Uraltregel, der Mensch brauche durchschnittlich sieben Stunden Schlaf, gilt heute als überholt. Mediziner gehen von acht bis neun Stunden aus.

Positives Denken

Es gibt unterschiedliche Wege, die mentale Kondition zu stärken. Nach meiner nun nahezu 40-jährigen Erfahrung als Verkäufer, Vertriebsleiter und Verkaufstrainer halte ich das positive Denken für das stärkste Instrument. Positives Denken ist darüber hinaus eine unabdingbare Voraussetzung für erfolgreiches Verkaufen. Was ist eigentlich positives Denken? Vielfach wird behauptet, positives Denken sei „Augenwischerei", eine Aussage sei entweder wahr oder unwahr, und ein schwarzes Auto könne man nicht als weiß bezeichnen. Diese Überlegung zeigt deutlich, dass hier positives Denken nicht verstanden wurde.

Schon Aristoteles sagte, alle Werte haben zwei Seiten. Man könne deshalb für oder gegen jeden Wert argumentieren. Ein recht bekanntes, aber treffendes Beispiel ist die halbvolle oder halbleere Flasche. Eine Flasche ist gleichzeitig halbvoll *und* halbleer. Wenn wir uns auf halbvoll konzentrieren, freuen wir uns, dass sie noch halbvoll ist. Das ist positiv. Konzentrieren wir uns jedoch auf halbleer, sind wir traurig. Das ist negativ. Daraus ist abzuleiten: Nahezu alle Erscheinungen, die uns begegnen, sind positiv *und* negativ zu bewerten.

Tipp 14: Konzentrieren Sie sich auf positive Bewertungen

Je häufiger und intensiver Sie sich auf positive Bewertungen konzentrieren, desto intensiver verläuft Ihr Leben. Je positiver Sie denken, umso leichter fällt es Ihnen, Widrigkeiten kraftvoll zu begegnen – und umso mehr Akzeptanz erfahren Sie von anderen Menschen.

Der missmutige, verzagte, ängstliche oder frustrierte Mensch packt dagegen wenig an (es lohnt ja doch nicht). Er bleibt inaktiv oder setzt nur einen kleinen Teil seiner wirklichen Kraft ein, weil ja ohnehin alles zum Scheitern verurteilt erscheint.

Tipp 15: Glauben Sie an Ihren Erfolg

Akzeptieren Sie sich selbst, glauben Sie an Ihre Kraft und an Ihren Erfolg. Und wenn Sie Ihre ganze Kraft einsetzen, haben Sie auch Erfolg. Deshalb: Positives Denken ist Ihre größte Leistungsreserve und darum Ihre größte Chance.

In dir muss brennen, was du entzünden willst.	Augustinus
Leben ist, wozu unsere Gedanken es machen.	Mark Aurel
Das, was du denkst, das bist du.	Norman Vincent Peale
Reicht Euch das Leben eine Zitrone, so seht, ob Ihr nicht eine Limonade daraus machen könnt.	Dale Carnegie
Es ist ein Zeichen von Intelligenz, in jeder Situation das Positive zu sehen.	William James

Bereits im alten Griechenland erkannten Menschen den Zusammenhang zwischen Geist und Körper, also zwischen Psyche und Physis – und entwickelten den Begriff Psychophysis. Beispiele für diesen Zusammenhang: Wer sich ständig grämt, konditioniert sich für Magengeschwüre. Und Angst kann Herzrasen verursachen. Diese Zusammenhänge sind auch von extremen „Realisten" nicht zu leugnen. Unser Denken beeinflusst unsere Einstellungen und Stimmungen. Es wirkt immer nach innen, auf uns selbst und nach außen auf andere. Die Ausrichtung unseres Denkens entscheidet darüber, ob wir unsere Umwelt positiv oder negativ erleben und darüber, ob uns andere als positiv oder negativ bewerten.

Die Konsequenzen negativen Denkens

Je negativer die Stimmung ist, in der sich ein Verkäufer befindet, umso stärker erinnert er sich im Kundengespräch an negative Gegebenheiten. Er denkt beispielsweise an Kritik seines Vorgesetzten, fehlende Anerkennung, verwaltungstechnische Behinderungen, Unsicherheiten in der Einkommensfrage, Kompetenzschwäche vor Ort. Obwohl er zum Kunden hinfährt, befindet er sich geistig bereits auf dem Rückzug. Schwach erscheint er beim Kunden. Der Kunde erkennt den Verlierer – und Verlierer können nicht überzeugen.

Je negativer die Stimmung, desto negativer werden auch alle internen Ereignisse bewertet: Produktänderungen, neue Produkte, Verwaltungsauflagen und Verfahrensordnungen. Und auch die Beratung des Kunden und die Produktpräsentation fallen entsprechend negativ aus: emotionsloser Vortrag, schlechte, unkonzentrierte Wortwahl, keine Suche nach Problemlösungen, Resignation und schnelle Aufgabe. Begeisterung kann man nicht übertragen, wenn man sie nicht hat.

Je negativer die Stimmung des Verkäufers ist, umso geringer ist sein Selbstvertrauen. Selbstzweifel, Selbstvorwürfe, Unsicherheit und Erfolglosigkeit werden als Normalzustand empfunden. Erfolg im Kundengespräch wäre ein unerwartetes Wunder. Dieser Pessimismus wird auch auf andere projiziert, alles wird negativ bewertet: Die Kunden sind wirtschaftlich bald am Ende, die Produkte haben keine Chance, das eigene Unternehmen wird den Wettbewerb nicht überleben, die Vorgesetzten haben von Führung keine Ahnung, der Chef kann eh' nicht verkaufen, das Einkommen ist ein Hungerlohn und der Dienstwagen eine Autoattrappe.

Tipp 16: Schaffen Sie positive Kontakte durch positives Denken

Ihr positives Denken verursacht positive Kontakte mit Menschen, Ihr Negativdenken verursacht negative Kontakte. Sie streben positive Kontakte mit Kunden an. Darum sollten Sie positiv denken, sollten Sie positiv über Menschen denken und positiv mit Menschen umgehen.

Wie Sie Ihr Selbstwertgefühl erhalten und verbessern

Tipp 17: Führen Sie einen positiven Dialog mit sich selbst

Wenn Sie eine Niederlage oder ein Misserfolg trifft, kritisieren Sie sich nie als Ganzheit; kritisieren Sie nur Ihr Verhalten. Sie waren unaufmerksam, unkonzentriert, schlecht vorbereitet oder haben schlecht geplant. Klagen und jammern Sie nicht. Sprechen Sie mit sich selbst: „Was sind die Ursachen des Misserfolgs, und wie kann ich dafür sorgen, dass dies nicht noch einmal geschieht?" Lassen Sie sich nicht aus dem Gleichgewicht bringen. Stehen Sie zu sich selbst.

Tipp 18: Trainieren Sie positive Autosuggestion

Geben Sie sich positive Leitsätze wie: „Ich werde gewinnen, ich werde siegen, ich werde nie aufgeben, jetzt erst recht nicht!" Sprechen Sie diese Leitsätze laut zu sich selbst. Je häufiger Sie einen Leitsatz wiederholen, umso stärker ist seine Wirkung.

Tipp 19: Entdecken Sie Positives im Negativen

Mit „Dampfablassen" oder Zornausbrüchen steigern Sie sich erst richtig in Negativfelder hinein und machen aus einer Mücke einen Elefanten. Halten Sie sich lieber an Epiket: „Es ist sinnlos, sich über Dinge zu ärgern, über die man keine Gewalt hat." – Über das „Ja" oder „Nein" eines Kunden haben Sie keine Gewalt. Wenn ein Kunde beim dritten Besuch endlich „nein" sagt, hat das durchaus auch eine positive Seite: Sie wissen, woran Sie sind und können Ihre Kraft auf neue Ziele ausrichten.

Tipp 20: Handeln Sie positiv weiter

Eine einfache Art, mit negativen Gedanken und Gefühlen fertig zu werden, ist der Umstieg von Ergebniszielen auf Aktivitätsziele. Wenn Sie beispielsweise telefonisch um eine Terminvereinbarung bitten, hören Sie ein „Nein" nach dem anderen. Aber Sie wissen: Auf etwa 16 Versuche kommen etwa drei Besuche, davon führt ein Besuch zum Abschluss. Also können Sie sich ausrechnen, wie viel Sie pro Telefongespräch verdienen – unabhängig davon, ob der Kunde „ja" oder „nein" sagt. Also: Telefonieren Sie weiter!

Tipp 21: Sprechen Sie positiv

Auch Menschen, die von Autosuggestion nichts halten, unterliegen ihr täglich. Die Gedanken „Ich halte das einfach nicht mehr aus", „ich kann nicht mehr" oder „das bringt doch alles nichts" schwächen sie. Derartige Formulierungen blockieren Hoffnung, Mut und Kraft. Deshalb: Begegnen Sie allen negativen Gedanken sofort mit einem bewussten *Stopp* oder *Nein* und formulieren Sie positiv.

Selbstverständlich müssen Sie dabei realistisch bleiben. *Beispiel:* Früh morgens sehen Sie aus dem Fenster und erkennen, dass es in Strömen regnet. Es wäre völlig unrealistisch, nun zu formulieren: „Wir haben heute ja ein prachtvolles Wetter." Mit Selbsttäuschung ist niemandem gedient. Der Ansatz des Aristoteles wäre anders. Er hätte sich auf die andere Seite der Medaille konzentriert und sich gesagt, dass der Regen eigentlich lebenswichtig sei. Regenwetter kann die Ernte sichern und den Grundwasserspiegel anheben. Wasser ist für alles Leben unabdingbare Voraussetzung. Sie können sich also sagen: „Ja, es ist gut, dass es regnet." Dann nehmen Sie einen Regenschirm, setzen sich in Ihr Auto und freuen sich, dass Sie nicht nass werden.

Tipp 22: Stärken Sie Ihr Selbstwertgefühl

Verbessern Sie Ihren Erfolg durch Stärkung des Selbstwertgefühls. Dies gelingt Ihnen schnell und zuverlässig mit den empfohlenen fünf Ansätzen. Sie selbst werden die Stärkung zunächst kaum registrieren. Achten Sie deshalb auf das Verhalten anderer im Umgang mit Ihnen. Kunden sind plötzlich leichter zu überzeugen, und Ihre Freunde legen größeren Wert auf Ihren Rat.

2.4 Aktivitätenplanung oder Planlosigkeit?

Mit dem Motto „Wir verloren unser Ziel aus den Augen und verdoppelten unsere Anstrengungen" werden Sie kaum erfolgreich sein. Sie müssen sich Ziele setzen oder vorgegebene Ziele verfolgen – und genau das ist nur möglich, wenn Sie Ihre Aktivitäten exakt planen und Ihre Kraft auf die Erfolg versprechenden Aktivitäten konzentrieren.

Vielfach wird behauptet: „Für Planung habe ich überhaupt keine Zeit!" Dieser Standpunkt ist gefährlich, weil gerade die mehr oder weniger willkürliche Planlosigkeit kaum zum Ziel führt. In Hinblick auf den Erfolgszwang, unter dem wir alle stehen, und unter Berücksichtigung der ständig steigenden Vertriebskosten ist eines ganz sicher: Wer in Zukunft nicht selbst plant, wird geplant. Sie sollten deshalb planen, was planbar und zweckmäßig ist. Denn die nicht planbaren Unwägbarkeiten stellen sich ohnehin ein. Sie brauchen:

- Zeitplanung
- Zielerfüllungsplanung
- Besuchsplanung
- Reiseplanung
- Büroplanung
- Sonderaktivitäten-Planung

Wussten Sie, dass Außendienstmitarbeiter nur zwischen 15 und 23 Prozent ihrer Arbeitszeit „face-to-face" im Kundengespräch verbringen?

Die restlichen 77 bis 85 Prozent sind Fahr-, Warte-, Büro-, Tagungs- und Besprechungszeiten.

Tipp 23: Machen Sie eine exakte Zeitanalyse

Konzentrieren Sie sich auf die für den Verkaufserfolg relevanten Aktivitäten. Sonst läuft Ihnen die Zeit davon. Deshalb bedarf es als Vorstufe Ihrer gesamten Planung einer Zeitanalyse. Sie müssen wissen, welche Ihrer Tätigkeiten wie viel Ihrer Zeit kostet. Danach können Sie Ihre Zeit auf die unterschiedlichen Aktivitäten unter Berücksichtigung ihrer Bedeutung ausrichten.

Zeitanalyse

Wir unterscheiden zwischen Primär- und Sekundärtätigkeiten. Die Primärtätigkeiten sind für den Verkaufserfolg von entscheidender Bedeutung. Die Sekundärtätigkeiten sind geringer zu bewerten, verbrauchen aber den größten Zeitanteil.

Dienstreisen lassen sich mit exakter Reiseplanung reduzieren, Wartezeiten fallen nach telefonischen Terminabsprachen weniger ins Gewicht. Bürogespräche mit Kollegen lassen sich zumeist abkürzen. Tagungen und Besprechungen können straffer strukturiert werden. Auseinandersetzungen mit Fachbereichen sind durch Abgrenzung von Regelfällen und Ausnahmefällen und durch Kompetenzerweiterung im Bereich der Regelfälle erheblich einzuschränken. In vielen Fällen kann auch der Innendienst allgemeine Bürotätigkeiten, Service-Telefonate, Routinekorrespondenz und Klärungen mit betriebsinternen Stellen übernehmen.

Primärtätigkeiten	Sekundärtätigkeiten
• Planungen	• Dienstreisen
• Besuchsvorbereitung	• Wartezeiten
• Verkaufstelefonate	• Bürogespräche
• Verkaufsbesuche	• Tagungen, Besprechungen
• Angebots-Konstruktionen	• Innerbetriebliche Auseinanderset-
• Überzeugungskorrespondenz	zungen
• Präsentationen	• Berichterstellungen
• Netzwerkkontakte	• Service-Telefonate
• Angebotsverfolgung	• Unterlagen zusammenstellen
	• Ablage

Viele der optimierenden Maßnahmen können von den Außendienst-mitarbeitern nicht im Alleingang eingeleitet werden. Jede Organisation hat ihre besonderen Spielregeln. Aber warum sollten Sie sich stillschweigend mit Lösungen abfinden, die Mehrerfolg verhindern? Und: Vorgesetzte haben ein Recht auf innovative Vorschläge. Wählen Sie also ein paar typische Referenztage aus und erstellen Sie sich zunächst eine Zeitanalyse.

Zeitanalyse	Datum:		Wochentag:	
Uhrzeit	Primär-Tätigkeit	Minuten	Sekundär-Tägigkeit	Minuten
von ...... bis	....	....	....	....
von ...... bis	....	....	....	....
von ...... bis	....	....	....	....
von ...... bis	....	....	....	....
von ...... bis	....	....	....	....
von ...... bis	....	....	....	....
von ...... bis	....	....	....	....
von ...... bis	....	....	....	....
von ...... bis	....	....	....	....
von ...... bis	....	....	....	....
von ...... bis	....	....	....	....
		Min. %		Min. %

Abbildung 2: Formblatt Zeitanalyse

Tipp 24: Legen Sie eine Zielerfüllungsplanung an

Um vor bösen Überraschungen sicher zu sein, brauchen Sie eine Zielerfüllungsplanung. Kontrollieren Sie sich selbst, ob und in welchem Umfang Sie Ihren Jahreszielen näherkommen und berücksichtigen Sie dabei die bereits verbrauchte und die noch zur Verfügung stehende Jahres-Akquisitionszeit. Ein solches Planungsinstrument sollte nach Absatzzielen, Umsatzzielen und allgemeinen Aktivitätenzielen gegliedert sein.

Zielerfüllungsplanung

Die Zielerfüllungsplanung ist für Verkäufer die wichtigste Planung überhaupt, denn sie schützt vor bösen Überraschungen. In nahezu allen Unternehmen werden Verkaufsziele gesetzt, die es zu erreichen gilt. In sehr konservativen Unternehmen geben Vorgesetzte die Ziele vor, und in fortschrittlichen Organisationen vereinbaren die Mitarbeiter mit ihren Vorgesetzten die Jahresziele (Management by Objectives). Es gibt quantitative Ziele für die Neukundengewinnung, Cross-Selling-Erfolge oder für die Verbesserung der Distributionsdichte – und qualitative Ziele, wie beispielsweise Umsatz- und Absatzerfolge nach Produkten oder Produktgruppen. Das Ausmaß der Zielerfüllung ist für Verkäufer entscheidend. Es bestimmt das Ansehen der Einzelnen im Unternehmen und damit die beruflichen Entwicklungsmöglichkeiten – bei variabler Entlohnung auch das Einkommen.

Zu Beginn eines Jahres glauben wir, wir hätten unendlich viel Zeit. Wenn wir zum Beispiel in den ersten dreißig Tagen nur wenig „Glück" hatten, trösten wir uns gern mit den möglichen Erfolgen in den verbleibenden 335 Tagen. Dies ist eine gefährliche Täuschung, denn ein Jahr verfügt nicht über 365 Akquisitionstage, sondern nur über etwa 139 Tage (siehe Beispiel-Berechnung, Seite 37). Ohne eine ständig fortzuschreibende Zielerfüllungsplanung entdecken wir oft zu spät, in welchen Teilbereichen wir unsere Aktivitäten verstärken müssen oder dass die verbleibende Restzeit zur Korrektur nicht mehr ausreicht.

Das nachstehende Modell ist ein Beispiel (siehe Abbildung 3). Hier wird das Jahresziel mit der zeitbezogenen Teil-Zielerfüllung permanent verglichen. Als Referenz dienen die Werte des vorangegangenen Jahres.

Tipp 25: Entwickeln Sie ein Formblatt für Ihre Zielerfüllungsplanung

Legen Sie sich ein Formblatt oder eine Datei für Ihre Zielerfüllungsplanung an. Das nachstehende Beispiel kann Ihnen dabei helfen. Hier wird die Zielerfüllung bezogen auf die bereits abgelaufene Zeit und die noch verbleibende Zeit dargestellt.

Zielerfüllungsplanung

Produkt/Produktgruppe: . . . . Vorjahr: . . . . Monatsabschl. . . . .

Jahresumsatzziel	Zielerfüllung	verbrauchte Reisetage	Tagesum-satz	verbliebene Reisetage	Umsatz pro verbl. Reise-tage
€	€		€		€

Produkt/Produktgruppe: . . . . lfd. Jahr: . . . . Monatsabschl. . . . .

Jahresumsatzziel	Zielerfüllung	verbrauchte Reisetage	Tagesum-satz	verbliebene Reisetage	Umsatz pro verbl. Reise-tage
€	€		€		€

Abbildung 3: Formblatt Zielerfüllungsplanung

Sicherlich reicht aber das Wissen um eine Untererfüllung nicht aus. Sie sollten sorgfältig abwägen, mit welchen Maßnahmen Sie Ihren Erfolg steigern können.

Checkliste: Maßnahmen zur Steigerung des Erfolgs	
1. Kritische Produkte bei allen Besuchen vorstellen	❑
2. Anzahl der Besuche steigern durch Entlastung von Sekundärtätigkeit	❑
3. Anzahl der Besuche steigern durch verbesserte Reiseplanung	❑
4. Vorlasserfolge steigern durch Einsatz von Kontaktaufnahme-Briefen	❑
5. Telefonische Vorakquisition verbessern	❑
6. Besuche aufwändiger vorbereiten	❑
7. Andere Ansprechpartner wählen	❑
8. Gespräche straffer strukturieren	❑
9. Konzentration auf besonders geeignete Branchen	❑
10. Konzentration auf besonders geeignete Unternehmen	❑
11. Weniger Regelbesuche, mehr Zeit für Neukunden	❑
12. Steigerung der Auftragsgrößen	❑
13. Cross-Selling aktivieren	❑
14. Kooperationen aktivieren	❑
15. Referenzen einholen und einsetzen	❑
16. Direct-Mailing verstärken	❑
17. Eigenmotivation (wenn Ihnen ein Produkt nicht unbedingt liegt)	❑
18. Fachliche Information einholen, wenn Sie ein Produkt nicht genau kennen	❑
19. Mit Kollegen sprechen, die besonders erfolgreich mit dem Produkt sind	❑

Präzise Besuchsplanung

Der harte Preiskampf zwingt nahezu alle Unternehmen zur Kostensenkung. Dies gelingt oft nur sehr mühsam, weil durch Rationalisierungsmaßnahmen in den letzten Jahren schon viele Möglichkeiten zur Kostensenkung ausgeschöpft wurden. Viele Unternehmen haben ihre Organisationen unter dem Einfluss von Lean-Management inzwischen erheblich „abgespeckt", die Produktion gestrafft und Nebenleistungen, die nicht zum Kerngeschäft gehören, ausgelagert.

Der Außendienstverkauf aber wurde in den letzten Jahren immer teurer – und gleichzeitig sank die Effizienz. Die erhöhte Verkehrsdichte und immer längere Fahrzeiten führen heute zu immer weniger Besuchen pro Tag. In einigen Unternehmen bilden auch Außen- und Innendienst keine „echten" Verkaufsteams. Die Folge ist, dass Außendienstmitarbeiter eigentlich keine sind: Sie verbrauchen zu viel wertvolle Akquisitionszeit im Büro und haben zu wenig Zeit für Kundenbesuche.

> **Tipp 26: Nutzen Sie Ihre Zeit besser**
>
> Prüfen Sie genau, ob es zweckmäßig ist, weniger bedeutende Kunden kontinuierlich zu besuchen, nur weil diese es wünschen. Sie können Ihre Zeit viel besser nutzen, wenn Sie stattdessen neue Kunden gewinnen, Großkunden intensiver betreuen und Cross-Selling aktivieren.

Wegen der hohen Akquisitionskosten haben viele Unternehmen, die nicht über Beratung verkaufen, ihre Außendienstorganisationen bereits verkleinert oder aufgegeben. Wenn heute beispielsweise ein Einkäufer aus dem Maschinenbau 300 000 Schrauben M6/25 mm einkaufen will, fordert er unter Umständen drei Anbieter über Internet oder E-Mail auf, ihre Angebote bis 11 Uhr vormittags abzugeben, und der billigste Anbieter erhält den Auftrag. Ein Verkaufsaußendienst ist hier nicht mehr erforderlich. Der Außendienst hat nur im Beratungsverkauf eine Zukunft.

Doch auch im Beratungsverkauf gilt es, die Effizienz zu steigern und die Kosten zu senken. Dabei geht es nicht darum, *mehr* zu arbeiten; es geht darum, intelligenter und damit *wirtschaftlicher* zu arbeiten und sich möglicherweise von jahrelangen Gewohnheiten zu trennen. Sie müssen Ihre Kraft fokussieren.

Kosten pro Besuch

Was kostet ein Besuch im Außendienst? Selbstverständlich ist diese Frage nicht pauschal zu beantworten. Zu unterschiedlich sind die Unternehmen, ihre Strategien und ihre Leistungsstrukturen. Deshalb hier ein Beispiel. Die nachstehende Berechnung stammt aus einem Unternehmen mit höherer Beratungsintensität.

1. Berechnung der Reisetage:	
Tage im Jahr	365
Sonntage	52
Samstage	52
Feiertage	8
Urlaubstage	30
Bürotage (1,5 Tage pro Woche)	72
Krankheitstage (Durchschnitt)	5
Tagungstage (Besprechungen, Schulungen)	6
Sonstige Abwesenheit	1
Nicht-Reisetage gesamt p.a.	226
Reisetage gesamt p.a.	139
2. Berechnung der Besuche (Anzahl p.a.)	
Besuche pro Reisetag (Durchschnitt)	3
Besuche p.a. gesamt (139 × 3)	417
3. Berechnung der Kosten pro Besuch	
Bruttojahreseinkommen	€ 43 500,00
Sach- und Nebenkosten (+ 100 %)*	€ 43 500,00
Kosten der Stelle gesamt	€ 87 000,00
Kosten pro Besuch (87 000 : 417)	€ 208,63

4. Einkommen des AD-Mitarbeiters pro Besuch:

Fixum (brutto) p.a. (Durchschnitt)	
Provision (brutto) p.a. (Durchschnitt)	€ 18 200,00
Provision (netto) p.a. (Durchschnitt)	€ 25 300,00
Bruttoeinkommen p.a. (Durchschnitt)	€ 15 331,18
Nettoeinkommen p.a. (Durchschnitt)	€ 43 500,00
Nettoprovision pro Besuch (26 361 : 417)	€ 26 361,00
(Differenz brutto/netto = 39,4 %)**	€ 63,22
Durch nur 0,5 zusätzliche Besuche pro Reisetag (0,5 × 139 Reisetage = 69,5 Mehrbesuche × 63,22 € zusätzliche Nettoprovisionen) erhöhen sich die Nettobezüge des ADM um	€ 4 393,79

* *Betriebswirtschaftlich zulässig.*
** *Die Erhöhung des Einkommens blieb unberücksichtigt.*

Sie sehen, es kann durchaus sinnvoll sein, sich über die Besuchsfrequenz Gedanken zu machen.

Wochenplanung

Äußeren Aktivitäten sollten innere Einsichten vorangehen. Aber sehr oft lässt man sich von Anforderungen treiben und hetzen – und kommt deshalb nicht dazu, Besuche planvoll auf definierte Besuchsziele auszurichten.

Die Strukturen unserer Planung werden von unseren Strategien, Organisationen und Aufgaben bestimmt. Deshalb kann es eine allgemein verbindliche Planungsstruktur nicht geben. Der Ansatz der Wochenplanung dürfte jedoch weitgehend gleich sein. Hier ein *Beispiel:*

Wochenplanung					für die ___ Woche		
1	2	3	4	5	6	7	8
Nr.	Datum	Zeit	Firma	Ort	KK	Prod.	Ziel

Abbildung 4: Wochenplanung

Erläuterungen zum Wochenplan

Spalte 1:	Lfd. Nr. der Besuche einer Woche
Spalte 2:	Datum des geplanten Besuchs
Spalte 3:	Tageszeit des geplanten Besuchs
Spalte 4:	Firmenkurzbezeichnung oder Kundennummer
Spalte 5:	Ort, Sitz des Kunden
Spalte 6:	Kundenklassifikation (A,B,C, lt. Seite 41)

Spalte 7:	Einsatz für bestimmte Produkte, zum Beispiel	
	Kunststofffenster	= KF
	Alu-Fenster	= AF
	Holzfenster	= HF
	Sicherheitsfenster	= SF
	Holzhaustüren	= HT
Spalte 8:	Besuchsziel: (Beispiele)	
	Akquisition, 1. Besuch	= A1
	Akquisition, 2. Besuch	= A2
	Kunden-Regelbesuch	= KR
	Cross-Selling	= CS
	Erhöhung der Auftragsgröße	= EA
	Servicebesuch	= SB

Tipp 27: Feilen Sie an Ihrer Wochenplanung

Entwickeln Sie ein Schema für Ihre Wochenplanung, das auf die besonderen Gegebenheiten Ihrer Branche, Ihres Unternehmens und Ihrer Tätigkeit optimal zugeschnitten ist. Ihre Planung sollte mit einem Vorlauf von etwa acht Tagen ausweisen, welche Kunden Sie zu welcher Zeit, von welchen Produkten, Dienstleistungen oder Anliegen überzeugen wollen.

Reiseplanung

Die Reiseplanung hat unter anderem die Aufgabe, die Fahrzeiten so kurz wie möglich zu halten, um die Kundengesprächszeiten zu erhöhen. Dies führt zu mehr oder intensiveren Gesprächen.

Tipp 28: Unterscheiden Sie Kernakquisitionszeiten und Nebenzeiten

Bei der Reiseplanung unterscheidet man Kernakquisitionszeiten und Nebenzeiten. Optimal ist es, wenn es gelingt, die Fahrten in die Nebenzeiten zu verlagern.

Beispiel:

08.00 Uhr – 09.00 Uhr – Nebenzeit
09.00 Uhr – 12.00 Uhr – Kernakquisitionszeit I
12.00 Uhr – 14.00 Uhr – Nebenzeit
14.00 Uhr – 17.00 Uhr – Kernakquisitionszeit II
17.00 Uhr – 18.00 Uhr – Nebenzeit

Dieses Beispiel zeigt nur den Regelfall. Wenn Sie auf bestimmte Branchen oder Unternehmensgrößen spezialisiert sind, müssen Sie unter Umständen die Zeitblöcke anders abgrenzen.

Das Verkaufsgebiet eines Außendienstmitarbeiters ist in Untergebiete gegliedert. Die Anfahrt zum Untergebiet erfolgt vor der Kernakquisitionszeit I, die Rückfahrt nach der Kernakquisitionszeit II. Zwischen den Kernakquisitionszeiten können die Untergebiete gewechselt werden.

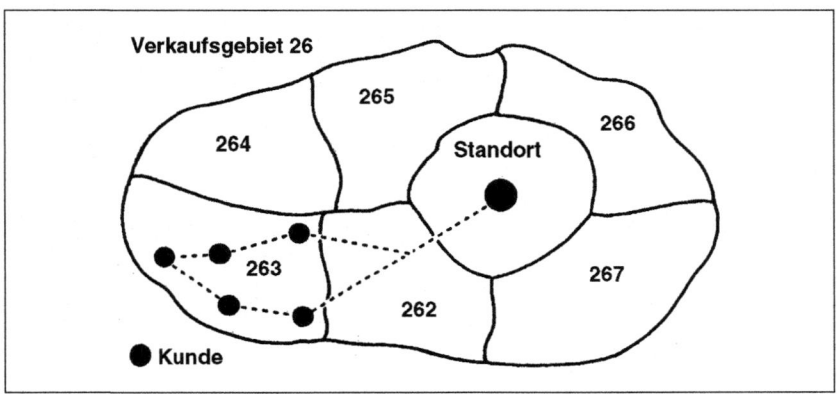

Abbildung 5: Reiseplanung mit Untergebieten

Die beiden folgenden Modelle sind für die Akquisition in vielen Branchen nicht geeignet. Sie können aber für kontinuierliche Betreuungsbesuche zweckmäßig sein oder auch logistische Anforderungen berücksichtigen.

Beim Verkauf von Verbrauchsgütern an industrielle und gewerbliche Dauerkunden und bei kontinuierlichen Betreuungsbesuchen kann eine präzise Logistik für die Wirtschaftlichkeit der Besuchstätigkeit entscheidend sein. Dies können Sie bereits in der Akquisitionsphase berücksichtigen.

41

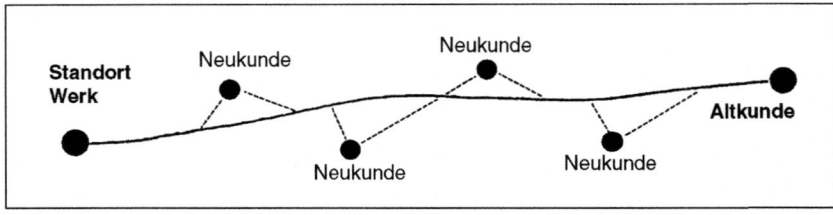

Abbildung 6: Reiseplanung nach logistischen Anforderungen

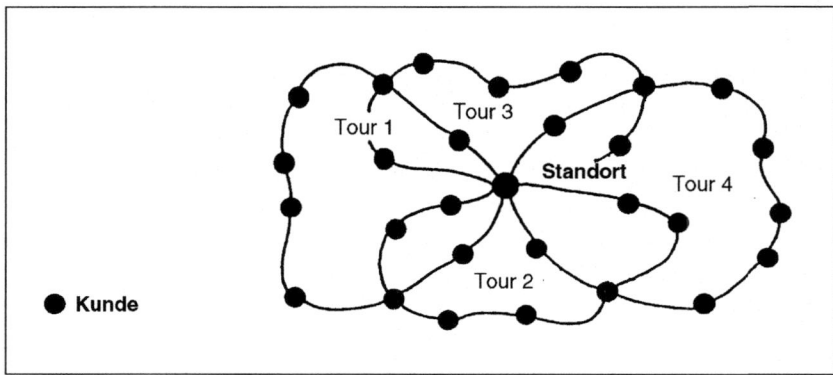

Abbildung 7: Reiseplanung im Kleeblattsystem

Das Kleeblattsystem wird gern eingesetzt, wenn die Kundenstruktur sehr häufig Spontanbesuche erfordert, die durchaus eine gesamte Wochenplanung durcheinander bringen können. Um dies zu verhindern, werden die Touren so festgelegt, dass aus jeder Tour heraus auch Kunden anderer Touren besucht werden können.

Tipp 29: Legen Sie Ihre Reiseplanungsmethode fest

Stellen Sie fest, welche der drei Reiseplanungsmethoden für Sie besonders geeignet ist. Setzen Sie dann die Gegebenheiten Ihres Verkaufsgebiets in eine konkrete Reiseplanung um. Lassen Sie sich Ihre Planung nicht durch Kundenwünsche zerstören. Versuchen Sie, Kunden diplomatisch zu disziplinieren. Kunden lernen dabei, dass Sie ein begehrter Partner sind. Nur wer keine Terminverpflichtungen hat, kann zu jeder gewünschten Zeit „antanzen".

Beispiel:

Kunde ruft an: „Herr X, ich würde gern am Mittwoch um 10 Uhr mit Ihnen etwas besprechen!"

Antwort: „Am Mittwoch um 10 Uhr habe ich bereits einen Termin in Musterstadt. Aber ich könnte schon am Dienstag um 14 Uhr bei Ihnen sein oder passt Ihnen am Donnerstag um 9 Uhr besser?"

Kundenklassifizierung

Selbstverständlich bestimmt die Politik eines Unternehmens, welche Kundenarten und welche Kundengrößen bevorzugt akquiriert werden sollen. Dennoch: Die Ausrichtung auf Kleinstaufträge ist in der Regel betriebswirtschaftlich kaum vertretbar.

Potenzielle Kleinkunden sind keineswegs leichter zu gewinnen als Unternehmen interessanter Größe. Im Gegenteil: Ich habe im Coaching wiederholt erlebt, dass bei kleinen, handwerklich orientierten Unternehmen mehr Überzeugungsarbeit erforderlich ist als bei mittleren oder größeren Unternehmen.

Heute gilt es, sich auf Investitionskunden zu konzentrieren. Das sind Kunden, die für Ihr Unternehmen besonders interessant sind, in die Sie deshalb auch investieren sollten.

Kundenklassifizierung						
		Bewertung				
Kriterien	**Erklärung**	1	2	3	4	5
01 Bedarfsgröße	Potenzieller Bedarf	❑	❑	❑	❑	❑
02 Lieferanteil	Unser Anteil an 01	❑	❑	❑	❑	❑
03 Bonität	Zahlungsfähigkeit	❑	❑	❑	❑	❑
04 Zu erzielender Plan-Deckungs-beitrag	Der DB, den wir durch Belieferung erzielen können	❑	❑	❑	❑	❑
05 Preisgestaltung	(wenn 04) nicht bekannt	❑	❑	❑	❑	❑
06 Kundenbindung	Verbundenheit mit uns	❑	❑	❑	❑	❑

07 Wachstum	Befindet sich der Kunde in einer Wachstumsphase?	❏ ❏ ❏ ❏ ❏
08 Progressivität	Strebt der Kunde erkennbar die Zukunft an?	❏ ❏ ❏ ❏ ❏
09 Betreuungsaufwand	Ausmaß der Sonderbetreuung, Zusatzbesuche usw.	❏ ❏ ❏ ❏ ❏
10 Kontakt intern	Unterstützung durch „Freunde" im Hause des Kunden	❏ ❏ ❏ ❏ ❏
11 Gruppenkontakte	Unterstützung aus der Firmengruppe des Kunden	❏ ❏ ❏ ❏ ❏
12 Netzwerkkontakte	Empfehlungen, Referenzen	❏ ❏ ❏ ❏ ❏
13 Imageeffekt	Der Einfluss des Kunden auf andere	❏ ❏ ❏ ❏ ❏
14 Gruppeneinfluss	Einfluss des Kunden auf Firmengruppe oder Konzern	❏ ❏ ❏ ❏ ❏

Die jeweilige Bewertung bitte im Kästchen (❏) ankreuzen und die Punkte addieren. Kriterien, die Sie noch nicht bewerten können, weil Sie die erforderlichen Informationen vor Akquisitionsbeginn noch nicht haben, sollten Sie mit einer 3 neutralisieren.

1 = sehr wenig, sehr schwach, sehr niedrig, nein
2 = wenig, schwach, niedrig
3 = durchschnittlich, mittelmäßig
4 = viel, stark, hoch
5 = sehr viel, sehr stark, sehr hoch, ja

Unter besonderen Umständen können Sie die Kriterien auch gewichtet bewerten. Das heißt, Sie versehen besonders wichtige Kriterien mit dem Multiplikationsfaktor ×3 und mittlere Kriterien mit dem Faktor ×2.

Bewertung (ungewichtet)

52 – 70 Punkte = A-Kunden

A-Kunden sind Investitionskunden und *müssen* vorrangig akquiriert werden. Hier sollten Sie Zeit und damit Hinwendung verstärkt investieren.

33 – 51 Punkte = B-Kunden

B-Kunden sind Norm-Kunden und erhalten deshalb auch eine angemessene Norm-Behandlung.

14 – 32 Punkte = C-Kunden

C-Kunden sind Kunden mit geringerer Bedeutung. Hier sollten Sie abwägen, ob Sie überhaupt akquirieren und ob nicht die Kundenbetreuungsaufgabe vom Verkaufsinnendienst oder vorhandenen Kundenbetreuern übernommen werden kann.

Tipp 30: Kunde ist nicht gleich Kunde

Nur wenige Unternehmen verfügen über eine Kundenklassifzierung, einige haben die dreistufige A-B-C-Analyse, gehen aber nicht vom Umsatzpotenzial, sondern vom getätigten Umsatz aus. Darum kann ein riesiger Kunde, mit dem Sie nur kleine Umsätze tätigen, zum beiläufigen C-Kunden werden. Deshalb: Erstellen Sie über Ihre (potenziellen) Kunden eine detaillierte Kundenklassifikation und konzentrieren Sie sich auf Investitionskunden. Erhebliche Mehrumsätze werden Sie belohnen.

3. Akquisitionsstrategien

3.1 Netzwerkakquisition

Menschen sind keine einsamen „Tiger". Sie sind Herden- oder Rudel-wesen und leben seit Anbeginn der Menschheitsgeschichte in Grup-pen. Eine Gruppe ist eine Anzahl von Menschen, deren Bewusstseins-inhalte, Empfindungen und Vorstellungen – im Hinblick darauf, was ist und was sein sollte, generell oder in Teilbereichen – nahezu gleich sind.

In „grauer" Vorzeit bildeten sich zunächst Kleingruppen (face-to-face-groups). Sie schlossen sich zu Gemeinschaften zusammen, um den Ge-fahren der Umwelt erfolgreicher begegnen zu können, um wirkungs-voller zu jagen oder zu sammeln und um sich aneinander zu erfahren. In diesen Kleingruppen waren alle aufeinander angewiesen. Wer sich als eigennützig oder unzuverlässig erwies, musste zur Sicherheit der Gruppe ausgeschlossen werden. Deshalb erwuchsen innerhalb der Gruppe zuverlässige Vertrauensverhältnisse. Später entwickelten sich andere Kleingruppen wie Familien, Sippen, Clans. Diese Kleingruppen vereinigten sich dann zu Großgruppen wie Stämme, Völker oder Na-tionen. Allerdings schwächte sich die Kontaktintensität mit der zuneh-menden Größe der Gruppen ab.

Um die Beziehungen in Großgruppen aktiv und erlebbar zu halten, er-fanden die Menschen Medien, die die Gemeinsamkeit der Individuen einer Großgruppe verdeutlichten: Rituale, Gebräuche, Hymnen, Klei-dung, Uniformen, Abzeichen und auch sehr gefährliche, scheinbar eli-täre Abgrenzungen.

Aus den kollektiven Werten einer Gruppe erwächst ein anhebendes und beruhigendes „Wir-Gefühl". Gruppen können sich nur definieren, wenn sie sich im Gegensatz zu anderen abgrenzen. So entstehen „ver-schworene" Gemeinschaften, zu denen „Fremde" kaum Zugang ha-ben. Die Individuen einer Gruppe sind also vernetzt. Auch heute leben die Menschen in Gruppen, die sich um unterschiedliche Inhalte organi-sieren:

- Nationen, Regionen, Städte
- Straßen, Häuser
- Religionen, Weltanschauungen
- poltitische Standorte
- soziale Aufgaben
- Bildungsstand
- Geschlecht, Sexualität
- kulturelle Aktivitäten
- Lifestyle
- Altersgruppen
- Berufe, berufliche Aufgaben
- Dienstränge
- Einkommens- und Besitzklassen
- Sportaktivitäten, Spielaktivitäten
- Wirtschaftszweige, Wirtschaftsstufen

Individuen bilden, entwickeln und pflegen diese Gruppen und die dafür erforderlichen Netzwerkverknüpfungen. Sie veranstalten gemeinsame Aktivitäten wie Zusammenkünfte, Wettbewerbe, Vorträge und setzen für das „Beieinandersein", das „Sich-kennen-und-verstehen" auch modernste Kommunikationstechniken ein. Alle technischen Netzwerke, wie beispielsweise der Straßenbau, die Post, das Telefon oder die neuen Datennetze, hatten und haben die gleiche Aufgabe: Menschen vernetzen sich, um miteinander Nutzen zu entwickeln, Nachteilen zu begegnen, um höheren Status zu erlangen oder um ein Wir-Gefühl zu erleben.

Für alle freien Netzwerke gilt: Aufgenommen wird nur der,

- der über die besonderen Merkmale der Gruppe verfügt,
- der Wertegefüge der Gruppe akzeptiert und fördern will,
- dem die Verlässlichkeit unterstellt wird, die für das Gruppenvertrauen unabdingbar ist,
- von dem die Gruppe annimmt, dass sie von ihm mindestens den gleichen Nutzen hat wie er von der Gruppe.

Die Stellung des Einzelnen in der Gruppe wird bestimmt vom Einsatz dieses Einzelnen für die Gruppe, vom Erfolg seines Einsatzes und von der Akzeptanz, die der Einzelne in der Gruppe erfährt. Ausgestoßen wird,

- wer sich nicht im erforderlichen Umfang für die Interessen der Gruppe einsetzt,
- wer der Zugehörigkeit zu einer fremden Gruppe überlagernde Bedeutung verleiht,
- wer versucht, seine Egoismen gegen das Gruppenwohl durchzusetzten,
- wer seine Werte so verändert, dass er in Konflikt mit den Gruppenwerten gerät,

- wer sich als unzuverlässlich erweist und damit das Vertrauen der Gruppe verliert und/oder die Gruppe gefährdet,
- wer die Gruppe schädigt.

Selbstverständlich gibt es vereinsamte Menschen, die allein in ihrer „Zelle" eines Wohnblocks hocken, die depressiv sind oder es werden. Das ist aber nicht die Regel. Die meisten Menschen sind Mitglieder mehrerer Netzwerke (Familie, Nachbarschaft, Beruf, Sport, Kultur, Politik).

Viele Netzwerke bilden sich planlos, weil Menschen über ähnliche Merkmale, Voraussetzungen und Wertegefüge verfügen und deshalb gerne miteinander kommunizieren. Diese Netzwerke dienen meist nur zufällig kommerziellen Interessen. Andere Netzwerke werden vorsätzlich gebildet, organisiert und gepflegt und sind nicht zweckfrei (Vereine, Verbände, berufsständische Organisationen). Sie haben definierte Ziele, und je nach ihrer Art sind fachliche Informationen, Erfahrungsaustausch, Hinweise, Referenzen und Empfehlungen in diesen Netzwerken völlig selbstverständlich. Einige Netzwerke sind auch bewusst auf die Schaffung und Nutzung kommerzieller Kontakte ausgerichtet. Manche davon sind als Segel-, Tennis- oder Golfclubs „getarnt".

Der Nutzen von Netzwerken im Verkauf

Netzwerkakquisition ist Insider-Akquisition. Der Verkäufer erhält über Mitglieder definierter Netzwerke Zugang, wird selbst zum Mitglied oder bildet eigene Netzwerke. In jedem Fall hat er eine „Eintrittskarte" und damit den entscheidenden Vertrauensvorschuss. Gegen diese Insider-Akquisition hat die heute noch übliche Outsider-Akquisition nur geringere Chancen.

Hinzu kommt: Die ständig zunehmenden Outsider-Akquisitionsversuche führen zur Überlastung der potenziellen Kunden. Unternehmer oder leitende Mitarbeiter erhalten heute täglich bis zu zwölf telefonische Vorgespräche von Outsider-Verkäufern, die einen Besuchstermin wünschen. Diese Überlastung führt in vielen Fällen zu geradlinigen und oft groben Ablehnungen, noch bevor der potenzielle Kunde weiß, worum es sich eigentlich handelt.

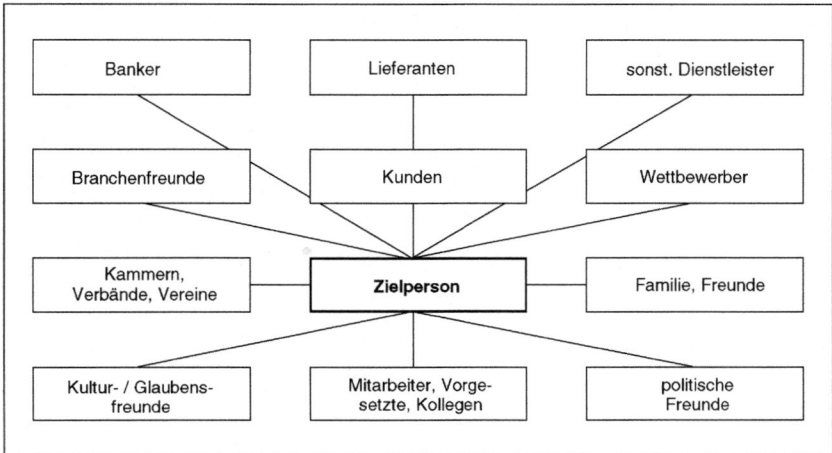

Abbildung 8: Zielperson im Netzwerk

Tipp 31: Machen Sie eine Analyse Ihres eigenen Netzwerks

Definieren Sie doch einmal Ihr eigenes Netzwerk. Anschließend ermitteln Sie in Ihren Kundengesprächen die Netzwerke Ihrer Gesprächspartner. Nun können Sie erkennen, ob es Schnittmengen gibt, die Sie nutzen können. Mit dieser Analyse wird deutlich, zu welchen Netzwerken Sie mit welchen Aktivitäten Zugang suchen sollten.

Sie können zum Beispiel Mitglied in Vereinen und berufsständischen oder politischen Organisationen werden oder an Veranstaltungen bestimmter Gruppierungen teilnehmen. Sie können sich aber auch ein System von Referenzen knüpfen und damit in fremde Netzwerke eindringen.

Doch warum zögern viele Verkäufer im Außendienst, aktiv in die Netzwerkakquisition einzusteigen? Die Gründe sind unterschiedlich:

- Wer schon längere Zeit mit zufriedenstellendem Erfolg die ihm zunächst fremden Kunden anruft und Besprechungstermine vereinbart, hat gelernt, dass es so geht, und möchte sich von bewährten Vorgehensweisen nicht trennen.

- Junge Verkäufer beobachten, dass ältere Kollegen recht erfolgreich mit der Outsider-Akquisition arbeiten und übernehmen das Modell. Dabei übersehen sie, dass viele der älteren durch jahrelange Tätigkeit de facto über ein gewachsenes Netzwerk verfügen. Dabei handelt es sich zumeist nicht über ein vorsätzlich entwickeltes Netzwerk, hat aber gleichartige Auswirkungen.

- Viele Verkäufer nehmen an, es dauere zu lange, bis ein Netzwerk funktionstüchtig „steht". Sie erklären, es fehle ihnen an Zeit und sie brauchten ihre Zeit, um ihre Ziele zu erfüllen.

Der Vorsatz, Netzwerkakquisition einsetzen zu wollen, allein reicht nicht. Es bedarf einer Konzeption, einer Planung, einer Organisation und einiger Instrumente, und Sie brauchen die Unterstützung aller Vorgesetzten und des Marketings. Selbstverständlich können Sie nicht von einem Tag auf den anderen die Outsider-Akquisition einstellen und sich ausschließlich mit dem Eindringen in unterschiedliche Netzwerke beschäftigen. Die Netzwerkakquisition ist im Parallellauf zu entwickeln.

Tipp 32: Fordern Sie Empfehlungen

Zunächst einmal akzeptieren Sie, dass Sie über ein persönliches Netzwerk verfügen. Sie unterhalten beispielsweise vertrauensvolle Kontakte zu Kunden. Suchen Sie diese Kunden auf. Sie sollen erleben, wie wertvoll die Zusammenarbeit mit Ihnen für sie ist. Zum Gesprächsabschluss bitten Sie um Empfehlungen.

Beispiel: „So Herr Kunde, ich glaube wir haben gemeinsam wirklich etwas bewegen können, und da habe ich noch eine Bitte: Sie sind in Ihrer Branche (oder: Stadt) doch ein bekannter Mann. Deshalb fallen Ihnen sicher einige Firmen ein, denen ich gleichermaßen helfen könnte." Je eitler der Kunde ist, umso mehr Firmen fallen ihm ein (im Durchschnitt sind es zwei neue Adressen).

Empfehlungen gibt es in unterschiedlicher Güte.

- **Der einfache Tipp:** „Die Firma XY müsste für Sie interessant sein. Nennen Sie aber besser nicht meinen Namen."

- **Die C-Referenz:** „Ich kenne übrigens Herrn Maier von ABC. Sie können sich auf mich beziehen."

- **Die B-Referenz:** „Mit dem bin ich befreundet. Grüßen Sie ihn."

- **Die A-Referenz:** „Wissen Sie was, den rufe ich jetzt an und empfehle Sie. Sie können dann ja gleich einen Termin mit ihm vereinbaren."

- **Regelreferenz:** Ersuchen Sie ohne Ausnahme bei jedem Abschluss den Gesprächspartner um eine (oder zwei) Referenz(en).

Das gemeinsame Netzwerk effektiver machen

Wir verfügen auch über ein gemeinsames Netzwerk im Unternehmen. *Beispiel:* Eine Außendienstorganisation hat 20 Außendienstmitarbeiter. Alle Verkäufer haben vertrauensvolle Kontakte zu Kunden, können aber die dabei möglichen Empfehlungen oft nicht nutzen, wenn sich diese Empfehlungen auf Firmen außerhalb des eigenen Verkaufsgebiets beziehen. Auch Kollegen des Innendiensts oder anderer Unternehmensbereiche haben gute Kontakte im Markt. In den seltensten Fällen werden diese gemeinsamen Netzwerke wirklich genutzt. Vielfach schmälern Ressortdenken und Bereichsegoismen die Wirksamkeit des Netzwerks derart, dass Synergieeffekte nicht möglich sind. Oft gibt es auch kein organisiertes Instrument für den Informationsaustausch.

Tipp 33: Organisieren Sie das gemeinsame Netzwerk

Voraussetzung zur Organisation des gemeinsamen Netzwerks ist die Einsicht aller Beteiligten, dass nur durch die zuverlässige Kooperation aller das eigene Netzwerk wirklich genutzt werden kann. Alle, beginnend mit der Geschäftsführung über die Bereiche Marketing, Vertrieb, Verkauf bis zu den Verkäufern im Außen- und Innendienst, müssen eine Funktionseinheit bilden. Für alle muss erkennbar sein, wer über welche Kontakte verfügt. Hierzu benötigen Sie ein konkretes Instrument, die Netzwerk-Dokumentation, die angelegt und permanent gepflegt werden muss.

Die Netzwerkdokumentation

Ein Netzwerk besteht aus vielen Adressen, Verknüpfungen und Funktionen. Die Informationen werden von allen Beteiligten zusammengetragen. Sie brauchen deshalb eine Datei, die von jedem „Info-Sammler" ergänzt oder verändert werden kann und auf die jeder Zugriff hat. Mit dieser Datei ist für alle Beteiligten ersichtlich, wer welche nützlichen Kontakte zu wem und in welcher Güte unterhält. Je nach Branche sind spezielle Dateien mit speziellen Suchkriterien erforderlich. Wichtig bei der Anlage einer derartigen Datei ist, dass sie übersichtlich bleibt, stets aktuell ist und dass sie nicht gegen das Datenschutzgesetz verstößt. Hier ein *Beispiel:*

Netzwerk Nr.:	Stand vom:	

Der Info-Geber	**Firma/Institution**
01. NW-Mitglied Nr.:	12. Wirtschaftszweig:
02. Verkaufsgebiet:	13. Wirtschaftsstufe:
03. Untergebiet:	14. Firmierung/Bezeichn.:
	15. Konzernzugehörigkeit:
Kontakt zur Person	16. Gegenstand:
04. Name, Vorname:	17. Straße/Hausnummer:
05. Funktion/Rang:	18. Plz./Ort:
06. Kontaktqualität:	19. Kunde/seit:
07. Kontakteröffnung:	20. Kundennummer:
08. Erstkontakt-Partner:	21. Kundenklasse:
09. Durchwahl/Tel.:	22. Bedarfsfelder:
10. Telefax:	
11. E-Mail:	

23. Verknüpfung 1:	NWM-Nr.:	Kontaktgüte:
24. Verknüpfung 2:	NWM-Nr.:	Kontaktgüte:
25. Verknüpfung 3:	NWM-Nr.:	Kontaktgüte:
26. Verknüpfung 4:	NWM-Nr.:	Kontaktgüte:
27. Verknüpfung 5:	NWM-Nr.:	Kontaktgüte:

Erklärungen zur Datei:

Netzwerknummer:
Nummer (lfd.) für einzelne Netze (Gruppen)

Stand vom:	Datum der letzten Eingabe
01. – 03.:	(Pot.) Referenzgeber (interne oder externe Personen)
04. – 11.:	Zielperson, möglicher Gesprächspartner
12. – 22.:	Firma/Institution, bei der die Zielperson Einfluss hat
23. – 27.:	Netzwerk-Mitglieder, die mit der Zielperson bekannt sind
Kontaktgüte:	Klassifizierung des Kontakts zum Beispiel von 1 bis 5

Nester – die „Eintrittskarten" für den Einlass in fremde Netzwerke

Ein „Nest" in unserem Sinne ist ein Ort, an dem sich zu einem bestimmten Zeitpunkt mehrere oder viele potenzielle Kunden oder Multiplikatoren treffen. Dies sind zum Beispiel Veranstaltungen der Unternehmensverbände, der Handelskammern, der Banken, des VDI, des RKW oder anderer Institutionen.

Tipp 34: Suchen und nutzen Sie Nester

Erstellen Sie eine Liste geeigneter Veranstaltungen und verteilen Sie die Nester auf Vorgesetzte, Kollegen und Mitarbeiter. Der zweite Schritt ist einfach. Sie mischen sich unter die Teilnehmer und machen sich bekannt. Vor Beginn, nach Abschluss und während der Pausen wird mit einzelnen Teilnehmern kommuniziert. Während der Veranstaltung suchen Sie den Dialog mit dem Referenten und profilieren sich durch positive, sachkundige und informative Beiträge. Entweder gelingt es Ihnen, Besuchstermine aus den neuen Kontakten abzuleiten, oder Sie erhalten sehr persönliche Aufhänger für telefonische Vorlassgespräche. In jedem Fall haben Sie „Gesicht" gezeigt. Man kennt Sie, und Sie sind Mitglied eines zusätzlichen Netzwerks.

Tipp 35: Halten Sie eigene Referate in fremden Nestern

Wirkungsvoller, aber auch sehr viel aufwändiger als die Teilnahme an Veranstaltungen ist Ihr Auftritt als sachverständiger Referent. Banken, Kammern und Unternehmensverbände organisieren regelmäßige Abendveranstaltungen. Rechtzeitig und richtig angesprochen, besteht hier durchaus die Chance, dass Sie auf Interesse stoßen. Sie dürfen allerdings nicht als Bittsteller kommen, sondern müssen Ihre Absicht als Angebot formulieren. Voraussetzungen sind neben einer fundierten Sachkenntnis: eine professionell vorbereitete Präsentation mit überzeugender Struktur und lebendigen Visualisierungen und gute rhetorische Fähigkeiten. Vorteilhaft ist es, wenn sich einige Ihrer Kollegen unter die Teilnehmer mischen, um zusätzliche Kontakte zu knüpfen.

Tipp 36: Erstellen Sie neue Netzwerke

Die Eignung bestimmter Netzwerke wird vom jeweiligen Wirtschaftszweig, von der Leistungsart eines Unternehmens und von geografischen Voraussetzungen bestimmt. Die Schaffung neuer Netzwerke und ihre Organisation ist reinrassige Marketingarbeit. Der Verkauf muss es dann übernehmen, die potenziellen Netzwerkmitglieder aufzufangen und über Kontaktentwicklung einzubinden.

Hier einige *Beispiele* aus unterschiedlichen Branchen. So kann zum Beispiel

- ein Hersteller technisch-wissenschaftlicher Anlagen ein *Wissenschaftsforum* gründen, das jährlich einen Kongress ausrichtet,

- ein Kreditversicherer oder eine größere Maklergesellschaft einen *Arbeitskreis gesunde Finanzen* installieren, der alle zwei Monate tagt, jährlich einen *Zukunftstag* einrichten oder ein *Unternehmerforum* installieren,

- ein Möbelhersteller jährlich einen *Designer-Wettbewerb* ausschreiben und den Möbelhandel einladen,

- ein Hersteller von Kinderbekleidung einen *Malwettbewerb* ausschreiben,

- ein Hersteller chemisch-pharmazeutischer Produkte ein *Weiterbildungsinstitut* einrichten und die Kundenmitarbeiter mit elitären Auszeichnungen und Abschluss entlassen,

- ein Hersteller von ökologischen Baumaterialien jährlich einen *Kongress Bau und Umwelt* veranstalten und den Handel einladen.

Bei allen derartigen Maßnahmen ist es sehr wichtig, dass

- spezielle Merkmale leicht erkennbar sind,
- lehr- und lernbare Wertegefüge definiert sind,
- Abgrenzungen gegenüber ähnlichen Bemühungen sichtbar sind,
- die Zugehörigkeit als elitär erlebt wird,
- die Organisation die Teilnehmer „auffängt",
- die Wirkung durch Presse und Veröffentlichungen multipliziert wird,
- die Zugehörigkeit durch ständige Kontaktpflege erhalten bleibt.

Es kann auch interessant sein, derartige Maßnahmen nicht selbst einzuleiten. Wenn zum Beispiel eine befreundete Gesellschaft oder ein vertraglich gebundenes Institut der vordergründige Veranstalter ist, sind Lob, Anerkennung und Herausstellung des Initiators sehr viel gewichtiger als Eigenlob.

3.2 Konzernakquisition

Der Begriff „Firmengruppe" ist dem Begriff „Konzern" in diesem Zusammenhang gleichzusetzen. Zunächst behandeln wir die Hersteller-Konzerne der verarbeitenden Industrie. Die Konzerne des Handels haben eigene Gesetzmäßigkeiten, auf die wir anschließend eingehen werden.

Hersteller-Konzerne

Die Organisation von Konzernen ist „von außen" völlig unübersichtlich. Deshalb sind die tatsächlichen Entscheidungsträger in der üblichen Akquisitionsvorbereitung nicht zu ermitteln. In Konzernen arbeiten die einzelnen Unternehmen in unterschiedlichen Abhängigkeiten zueinander. Deshalb sind für Konzernentscheidungen zumeist mehrere hochrangige Personen zuständig (auch ständige Entscheidungszirkel). In den Konzernspitzen werden viele Entscheidungen kooperativ getroffen, beispielsweise in Konferenzen des Gesamtvorstands. Der Konzernvorstand trifft in der Regel Entscheidungen, die für die Konzerntöchter relevant sind, nur gemeinsam mit den Geschäftsführern dieser Töchter.

Der erfolgreiche Einstieg in eine Konzernakquisition ist oft nur über Referenzen und Empfehlungen möglich oder wird durch positive Vorkontakte entscheidend erleichtert. Die genaue Anpassung der anzubietenden Leistung an die besonderen Gegebenheiten des Konzerns ist Voraussetzung für den Erfolg. Mit Standardangeboten ist nichts zu gewinnen.

Konzerne kaufen über zentralisierte Einkaufsabteilungen, die aber zumeist nur die Beschaffungsorganisation abwickeln und die Preisverhandlungen führen. Die eigentlichen Beschaffungsentscheidungen fallen aber in den Fachbereichen und Führungsetagen. Deshalb muss Ihre Akquisition „zweigleisig" angelegt sein. Unter diesen Voraussetzungen wird deutlich: Mit der überlieferten Akquisitionsmethode „anrufen, Termin vereinbaren und hingehen" ist die Konzernakquisition nicht zu bewältigen. Die folgenden Schritte sind notwendig, um Konzerne zu erschließen.

Tipp 37: „Entdecken" Sie Konzerne

Konzerne offenbaren sich Ihnen nicht auf den ersten Blick. Sie erhalten Informationen bei der Akquisition einer Konzerntochter, in der Presse, im Internet, in Verbandsmitteilungen, durch Produkte, in Nachschlagewerken und durch Adressverlage.

Tipp 38: Definieren Sie für Sie interessante Konzerne

Durch Bank- und Büroauskünfte, mit Ihrem eigenen Infopool, durch Pressemitteilungen, über Netzwerkkontakte und Absatzmittler, über Handelsregister-Eintragungen und über Brancheninsider finden Sie heraus, welche Konzerne für Sie von Interesse sein könnten.

Tipp 39: Beschaffen Sie sich Organigramme

Die Strukturen einzelner Konzerne können Sie sich erschließen aus Veröffentlichungen, über die Pressestellen, Konzernmitarbeiter und Netzwerkkontakte sowie über PR-Agenturen.

Tipp 40: Knüpfen Sie Kontakte und erarbeiten Sie Referenzen

Die folgenden Institutionen, Vereinigungen und Personenkreis können Sie bei der Konzernakquisition unterstützen:

- Reiterclubs
- Segelclubs
- Tennisclubs
- Golfclubs
- politische Gruppen
- soziale Gruppen
- kulturelle Gruppen
- Industrieverbände
- Branchenvereinigungen
- Exportvereinigungen
- Bankergespräche
- Großkunden des Konzerns
- Tochtergesellschaften
- Netzwerkkontakte

Ansprechpartner in der Konzernakquisition

Bei kleineren mittelständischen Unternehmen nehmen Sie Kontakt direkt zum Chef auf, der zumeist viele Entscheidungskompetenzen in sich vereinigt. Bei größeren mittelständischen Unternehmen, die über Managementebenen verfügen, sind zumeist die Geschäftsführer und Bereichsleiter für Einkauf, Produktion und Technik Ihre Ansprechpartner. All dies ist übersichtlich und darum noch relativ einfach.

Bei Konzernen ist die für Außenstehende (und manchmal auch für viele Insider) kaum transparente organisatorische Struktur das erste große Hindernis. Hier hilft nur strategisch planendes Vorgehen und oft ein langer Atem. Sie treffen auf Gesprächspartner, die angeben, ihr Budget bereits verplant zu haben, und den Eindruck erwecken, sie dürften entscheiden, tatsächlich aber diese Kompetenz oft nicht haben. Die nächste Hürde ist dann die in vielen Konzernen vorherrschende kooperative Führung. Entscheidungen werden in Gruppen getroffen. Gespräche mit einzelnen Führungskräften können nur die Tür öffnen, kaum aber zum Abschluss führen.

Die folgende Übersicht verdeutlicht die **Besonderheiten des Verkaufsprozesses** bei Konzernen.

Erstkontaktaufnahme (zur Konzernspitze)

• Kontaktpersonen durch Referenzen und Organigramm bestimmen

• längere Info-Kontaktzeiten (schriftlich) vorlagern

• schriftlicher Vorkontakt

• telefonischer Vorkontakt mit Hinweis auf vorliegende Korrespondenz und Referenzgeber

• erstes persönliches Gespräch (Vorstellung, Information) ohne Abschlussabsicht (ohnehin nicht möglich)

• Angebot eines Informationsvortrags, einer Präsentation oder der Entwicklung von Modellen

• Info über den Konzern erbitten und sich weiterleiten lassen an Info-Geber

Telefonischer Zwischenkontakt

• neugierig machen: „Ich bin sicher, wir haben eine passende Sonderlösung für Sie gefunden."

• Empfehlung, leitende Mitarbeiter einzubeziehen

• Terminvereinbarung für Präsentation oder Vortrag treffen

Verkaufsbesprechung

• eventuell Führungskräfte des eigenen Hauses einbeziehen

• Präsentation oder Vortrag durchführen

• präzise strukturiertes Sonder-Dienstleistungspaket zur Konzernbetreuung vorlegen und erläutern (Unvergleichbarkeit mit Fremdangeboten herausarbeiten)

Nachbesserungen/Abschluss

Diese Ablaufplanung verdeutlicht, dass eine Konzernakquisition durch Einzelkämpfer kaum erfolgreich durchzuführen ist. Zu vielschichtig sind die Aufgaben.

Tipp 41: Bieten Sie überlegenen After-Sales-Service

Für Konzernkunden ist es dringend erforderlich, eine systematische Betreuung zu organisieren. Das kann bedeuten, dass Sie einen Key Account Manager bestimmen, der permanent Kontakt mit dem Kunden hält. Jahresgespräche mit der Konzernspitze sind ebenso selbstverständlich.

> **Tipp 42: Bedenken Sie, dass Konzernakquisition zäh, aber lukrativ ist**
>
> Konzernakquisition verlangt einen größeren zeitlichen Rahmen, strategisches Vorgehen, zusätzliche Informationsquellen, Netzwerkkontakte (Referenzen), Key Account Management, ein Betreuungsteam und spezielle Argumentationsansätze. Der ungewöhnlich große Aufwand einer Konzernakquisition wird oftmals mit extrem hohen Umsätzen belohnt.

Konzerne des Handels

Die Konzerne des Handels sind sehr unterschiedlich organisiert. Die Mehrzahl der Handelskonzerne verfügt über nationale und regionale Zentralen. International auftretende Konzerne haben selbstverständlich noch eine übergeordnete internationale Zentrale. Unter den Zentralen sind die Märkte positioniert. Das beginnt mit Supermärkten (um 1 500 qm Verkaufsfläche) und endet bei Verbrauchermärkten von ca. 5 000 bis 10 000 qm.

Von Konzern zu Konzern sind die Kompetenzen völlig unterschiedlich verteilt. So gibt es Märkte, in denen selbst der Marktleiter noch nicht einmal die Standorte für Produktplatzierungen in seinem Markt selbst bestimmen darf. In anderen Konzernen hat dagegen ein Marktleiter sogar die Vollmacht, über die Belieferung durch einzelne Lieferanten oder über einzuleitende Aktionen zu entscheiden.

Wegen dieser Unterschiede ist es auch recht umständlich, die geeigneten Ansprechpartner zu ermitteln. In einigen Konzerne sitzen Ihre Ansprechpartner in der nationalen Zentrale. Dort erfolgt dann auch Ihre Listung als Lieferant für Ihr Sortiment oder einzelne Produkte. Ohne diese Listung ist die Belieferung der Märkte organisatorisch nicht möglich.

In anderen Konzernen sind es die Regionalzentralen, die über Wohl und Wehe entscheiden, und in einigen Konzernen behalten sich die Marktleiter eine Nachverhandlung vor. In manchen Organisationen gibt es auch noch Bezirksleiter, Verkaufsleiter, Hauschefs oder mächtige Revisoren, die letztlich bestimmen.

Wie also schaffen Sie den Erstkontakt? Sie können „oben" oder „unten" anfangen. Der Praktiker sucht einen Markt auf und lässt sich beim Marktleiter melden. Hier gilt es zunächst, eine Vertrauensbasis zu schaffen und Informationen zur Organisation einzuholen. Gerade wenn der Marktleiter kaum Kompetenzen hat und nichts darf, fühlt er sich persönlich besonders gewürdigt, wenn Sie sich zunächst an ihn wenden. Mit den gewonnenen Informationen legen Sie dann die weitere Vorgehensweise fest. Sollte sich der von Ihnen aufgesuchte Marktleiter abweisend verhalten, dann suchen Sie sich eben einen anderen aus demselben Konzern.

> **Tipp 43: Verkaufen an Handelskonzerne schließt Verkaufsförderung ein**
>
> Als Partner eines Konzerns müssen Sie die zentrale Listung veranlassen, von Zeit zu Zeit Jahres- oder Halbjahresgespräche führen und die Märkte mit Verkaufsförderung („Sales Promotion" bzw. „Merchandising") betreuen. Eine wesentliche Aufgabe der Verkaufsförderung im Umgang mit Handelskonzernen ist die Verbesserung der Platzierung bzw. das Durchsetzen von Sonderplatzierungen. Der Umgang von Lieferanten mit Handelskonzernen geht also weit über die übliche Verkaufsaufgabe hinaus.

3.3 Key Account Management

Selbstverständlich können nicht einzelne Mitarbeiter Key Account Management (KAM) als Strategie in ihren Unternehmen einführen. Dennoch ist die zurzeit zu beobachtende Tendenz zu Fusionen und zur Internationalisierung auch kleinerer Unternehmen so bedeutsam, dass alle Mitarbeiter der Vertriebs- oder Verkaufsbereiche um KAM wissen müssen. Hinzu kommt, dass KAM vielen Außendienstmitarbeitern neue Chancen bietet.

Definitionen

Der Begriff KAM (Key Account Management) ist vielfältig und verschwommen. Theoretiker verschiedener Schulen und Praktiker mit unterschiedlichen Erfahrungen arbeiten heute mit KAM. Dadurch erhielt der Begriff auch unterschiedliche Bedeutungen. Wir sprechen heute zum Beispiel von Großkundenmanagement, Account Management, International Account, Kundengruppen-Management, Großkunden-Management, Schlüsselkunden-Management oder Major Account Management – und es kommen noch weitere Begriffe hinzu. Eines haben sie alle gemeinsam: Die KAM-Aktivitäten sind auf große Industrie- und Handelskunden ausgerichtet.

Eine der Ursachen für die unscharfen Abgrenzungen ist auch die Zuordnung der Aufgaben. Im Marketing ist Key Account Management eine Marketingstrategie. Hier gilt es, Märkte zu selektieren und die verschiedenen Zielgruppen zu definieren und zu quantifizieren, um dann exakt auf diese Zielgruppen ausgerichtet Erfolg versprechende Maßnahmen einzuleiten und nachzusteuern. Im Marketing reicht das KAM deshalb von der Marktanalyse über Produkt- und Preisgestaltung sowie die Kommunikationspolitik bis hin zur Distribution.

Im Vertrieb bedeutet KAM soviel wie Schlüsselkunden-Management. Das heißt, besonders wichtige, zumeist große Kunden, Kunden mit überregionalen oder internationalen Organisationen und Kunden, die aus anderen Gründen von besonderer Bedeutung für eine Gesellschaft sind, werden einzeln analysiert, nach speziellen Gesetzmäßigkeiten akquiriert und mit besonderer Sorgfalt betreut.

Herausnahme aus den Verkaufsgebieten

Wie will beispielsweise ein Außendienstkollege, der Süd-Niedersachsen betreut, einen potenziellen Kunden gewinnen, wenn der Entscheidungsträger dieses möglichen Kunden auf den Bahamas „residiert"? KAM im Vertrieb bedeutet deshalb die systematische Herausnahme bestimmter Firmen oder Firmengruppen aus regionalen Verkaufsgebieten, die Ausrichtung dieser Sondervertriebsarbeit auf die speziellen Belange der herausgenommenen Firmen und verstärkte Kundenbetreuung.

Die Zunahme der Unternehmensübernahmen durch international agierende Gruppen und der damit verbundenen Trennung der Entscheidungsträger von den regionalen Töchtern wird zwangsläufig die Bedeutung des KAM in Zukunft weiter steigern. Auch die Konzernakquisition und -betreuung verlangt überwiegend KAM. Nehmen wir einmal an, Sie wollen einen Konzern gewinnen, der über zwanzig Gesellschaften und 60 000 Mitarbeiter in zwölf Staaten verfügt. Da die Betreuung aus einem „Guss" sein soll, bedarf es einer zentralisierten Steuerung durch KAM.

Der Nutzen des KAM

- Mit KAM können Sie überregional und international organisierte Unternehmen effizienter zu Kunden machen.

- Erst durch KAM werden Sie für viele große (potenzielle) Kundenfirmen zum ernstzunehmenden Partner, weil Sie sich mit KAM exakt auf die Erfordernisse dieser Unternehmen einstellen und eine gleichartige Betreuung international gewährleisten können.

- Mit KAM verbessert sich die Kommunikation und Koordination mit Groß- oder Schlüsselkunden entscheidend.

- Verkaufsgespräche werden erfolgreicher, weil Sie „Insider" sind. Und weil Sie dazu gehören, erkennen Sie wechselnden Bedarf früher als andere und verpassen keine Chancen.

- Mit KAM haben Ihre Schlüsselkunden weltweit zuverlässige Ansprechpartner, die die organisatorischen Strukturen dieser Kunden und die überregionalen oder internationalen Verflechtungen kennen.

- Durch KAM können Sie weltweit die persönlichen Beziehungen zu entscheidenden Mitarbeitern Ihrer Schlüsselkunden intensivieren und auf diese Weise die Kundenbindung entscheidend verbessern.

- Mit KAM können Sie Ihren Schlüsselkunden unabhängig vom Standort einheitliche Lösungen anbieten.

4. Die Annäherung an potenzielle Kunden

4.1 Besuchsvorbereitung

Je mehr Sie über den potenziellen Kunden wissen, umso mehr wissen Sie über seinen möglichen Bedarf, seine Hoffnungen, Wünsche und Sachzwänge. Wenn Sie seine wahrscheinlichen Probleme kennen, können Sie sich gedanklich auf eine mögliche Problemlösung einstellen. Die objektiven Bedarfsfelder der Unternehmen sind heute oft derart unterschiedlich, dass Sie ohne sorgfältige Vorbereitung nur wenig bewirken können.

Selbstverständlich können Sie vor dem Erstgespräch nicht alles wissen. Vieles erfahren Sie in Interaktion mit Ihren Gesprächspartnern. Aber es gibt eine Reihe unterschiedlicher Quellen, die Sie schon vor dem Erstgespräch „anzapfen" können.

Tipp 44: Informationsquellen

Brancheninformationen geben Auskunft über die aktuelle Lage der Branche (z. B. Ifo-Institut, IHK-Nachrichten, Wirtschaftspresse), Büroauskünfte informieren über die Firma, ihre Art, Größe und über die Gesellschaftsverhältnisse (z. B. Creditreform, Bürgel), Bank- oder Versicherer-Ratings lassen die Zahlungsfähigkeit erkennen (z. B. Hausbank, Ratinggesellschaften). Darüber hinaus erhalten Sie Infos aus Nachschlagewerken (z. B. „Wer gehört zu wem?", Commerzbank), durch Adressenverlage (Schober, Merkur, Bertelsmann, Koop), um zum Beispiel die Namen wichtiger Ansprechpartner zu erfahren, aus dem Internet (Selbstverständnis des Unternehmens, Produktschwerpunkte, Sortiment, Wettbewerber). Nicht zuletzt erhalten Sie wertvolle Auskünfte aus dem telefonischen Vorgespräch und von Brancheninsidern.

Checkliste Kundendaten

Zum Unternehmen:

Firmierung (1) . . . .

Firmierung (2) . . . .

Wirtschaftszweig . . . .

Wirtschaftsstufe . . . .

Gründungsjahr . . . .

Größe/Mitarbeiter . . . .

Größe/Jahresumsatz . . . .

Konzernzugehörigkeit . . . .

Sitz – Plz./Ort . . . .

Str./Hausnummer . . . .

Telefon/Fax . . . .

E-Mail . . . .

Internet . . . .

Leistungen/Produkte . . . .

Niederlassungen . . . .

Fertigungsstätten . . . .

Gesellschafter (1) . . . .

Gesellschafter (2) . . . .

Bonität/wirtsch. Lage . . . .

Image des Unternehmens . . . .

Empfehlung von/über . . . .

Branchen und Märkte:

Abnehmerbranche (1) . . . .

Abnehmerbranche (2) . . . .

Entwicklung der Branche (2) . . . .

Absatzmärkte . . . .

Wettbewerbsdruck . . . .

Wettbewerber, große . . . .

Vorgeschichte:

Kontakte seit . . . .

kauft bei uns (1) . . . .

(2) . . . .

(3) . . . .

frühere Akquis. negativ am . . . .

weil . . . .

frühere Gesprächspartner . . . .

Gesprächspartner

Vorname, Titel, Name	. . . .
Stellung im Hause	. . . .
Vollmachten, handelsrechtlich	. . . .
Einfluss im Unternehmen	. . . .
Altersgruppe	. . . .
Betriebszugehörigkeit	. . . .
Einstellungen besond.	. . . .
Primäranliegen (Vorgespr.)	. . . .

Tipp 45: Information über den Kunden

Führen Sie Kundengespräche nie unvorbereitet. Eines ist völlig sicher: Man geht mit größerer Überlebenschance durch ein Minenfeld, wenn man weiß, wo die Minen liegen. Je mehr Sie über den Kunden wissen, umso leichter können Sie erkennen, „wo der Schuh drückt", umso besser können Sie Ihre Beratungsaufgabe erfüllen und umso wertvoller werden Sie für den Kunden.

4.2 Der Kontaktaufnahme-Brief

Ist die Terminvereinbarung in Ihrer Branche besonders schwierig? Weigern sich Sekretärinnen, Sie zum Entscheidungsträger durchzustellen? Dann sollten Sie vorher einen Kontaktaufnahme-Brief schreiben. Wenn Sie dann später sagen können, dass Herr X Ihren Anruf erwartet und dass bereits Korrespondenz vorliegt, werden Sie fast immer zum Entscheidungsträger durchgestellt.

Tipp 46: Verfassen Sie keine Werbebriefe

Hüten Sie sich vor Schreiben, die durch interessante Gags sofort als Werbebrief erkannt werden. Derartige Briefe landen planmäßig im Papierkorb. Sicherlich haben Werbebriefe in der Werbung ihren Wert. Nur als Akquisitionsstart sind sie ungeeignet.

Tipp 47: Schreiben Sie einen ganz „normalen" Geschäftsbrief

Ihr Brief sollte ein ganz normaler Geschäftsbrief sein und darf weder auf dem Umschlag noch auf dem Briefblatt eine Kodifizierung tragen, die ihn als Selektion einer DV-Massenkorrespondenz ausweist. Er sollte den Namen und die Titel Ihres Ansprechpartners im Anschriftenfeld und in der Anrede tragen und darf nur ein „Appetitanreger" sein. Zu viel Information kann Ihren Besuch überflüssig machen. „Verkaufen" Sie mit Ihrem Brieftext deshalb nur, dass es von großer Bedeutung ist, von Ihnen Informationen zu erhalten. Und kündigen Sie an, dass Sie in den nächsten Tagen Telefonkontakt aufnehmen werden, um einen Gesprächstermin zu vereinbaren.

4.3 Das telefonische Vorgespräch

Früher hieß es, man möge im telefonischen Vorgespräch nur den Besuchstermin verkaufen und das Gespräch nicht überfrachten. Letzteres gilt auch noch heute, bezogen auf die verkäuferische Fachdiskussion. Aber: Nutzen Sie doch das Vorgespräch zur Informationsaufnahme nach der Terminabsprache: „Herr X, ich möchte das vereinbarte Gespräch gern konkret vorbereiten. Dazu habe ich noch einige Fragen!" Kaum jemand wird sagen: „Das geht Sie überhaupt nichts an!" Und ermitteln Sie unter allen Umständen, ob Ihr Gesprächspartner ein Verkaufsgespräch (unter vier Augen) oder eine Verkaufsbesprechung erwartet.

Die Struktur des telefonischen Vorgesprächs

- Vorbereitung des Gesprächs. Informationen zur Branche, zum Unternehmen und zum Gesprächspartner, eventuell auch zur Vorgeschichte.

- Erklären Sie der Telefonistin oder Sekretärin, dass Herr X Ihren Anruf erwartet und dass bereits Korrespondenz vorliegt.

- Falls die Gesprächspartnerin fragt: „In welcher Angelegenheit bitte?", antworten Sie mit einer Komplikationsformel wie etwa beim Verkauf von Förderbändern: „Es geht um Rationalisierung im innerbetrieblichen Materialtransport." Diese wahrheitsgemäße Antwort wird sie vermutlich nicht verstehen. Sie kann deshalb die Vermittlung kaum verweigern.

- Begrüßung des Ansprechpartners und Vorstellung. Die Vorstellung sehr kurz halten.

- Anlass: Warum erfolgt dieser Anruf heute (und nicht letztes Jahr)?

- Ködersatz (neugierig machen), das Problem ansprechen, Information anbieten, aber nicht die Problemlösung (das Produkt) nennen: „Ich möchte Sie gern über neue Möglichkeiten der Rationalisierung des Fertigungsprozesses – und damit über Kostensenkungen – informieren." Wenn der Kunde wissen will, wie man das macht: „Gerade darüber möchte ich mit Ihnen sprechen!" – Dann ohne Pause:

- Alternativtermin anbieten: „Passt es Ihnen am ... um ... Uhr oder besser am ... um ... Uhr?" Die angebotene Alternative lenkt von der Frage „Warum überhaupt?" ab.

- Wenn Vertagung zwingend (Messe, Urlaub): direkt neuen Termin vereinbaren, sonst muss später der Prozess erneut begonnen werden. Nur ersatzweise ein zweites Telefonat vorschlagen.

5. Verkaufspsychologie als Grundlage

5.1 Kaufen heißt Bedürfnisse befriedigen

Jeder Kauf dient der Befriedigung von Bedürfnissen. Der Verkäufer kann seine Überzeugungsarbeit nur zielgenau ansetzen, wenn er ermittelt hat, welche Bedürfnisse in welcher Bedeutung den jeweiligen Kunden prägen, und wenn er weiß, welche Bedürfnisse sein Produkt (seine Leistung) in welchem Umfang befriedigen kann.

Vordergründig betrachtet will der Kunde durch den Erwerb einer bestimmten Ware oder Leistung lediglich seinen Gewinntrieb befriedigen. Tatsächlich ist aber die Analyse des Bedürfnisses doch etwas komplizierter. Gewinntrieb ist beispielsweise ein anderer Antrieb als Besitzsicherung. Hinzu kommen das Bedürfnis nach Befriedigung der eigenen Eitelkeit und die Befriedigung des Geltungsbedürfnisses. Die Bedürfnisse eines Produktionsleiters beim Kauf einer neuen Anlage sind oft andere als die des einbezogenen Einkäufers oder des geschäftsführenden Gesellschafters.

Wenn Kunden kaufen, um bestimmte Bedürfnisse zu befriedigen, sollten Sie argumentativ die Befriedigung der Bedürfnisse verkaufen. Ihre Ware oder Leistung ist dann das Mittel zum Zweck. Besonders im Verkauf technischer Produkte und Leistungen wird dieser Ansatz oft grob vernachlässigt.

Tipp 48: Nutzen Sie Kaufmotive für Ihre Argumentation

Ermitteln Sie, welche Bedürfnisse durch den Kauf Ihrer Produkte befriedigt werden. Diese Bedürfnisse sind die eigentlichen Kaufmotive hinter den Produkten. Mr. Revlon hat einmal gesagt: „In unseren Fabriken produzieren wir Kosmetik – und in unseren Läden verkaufen wir Hoffnung." Machen Sie die ermittelten Kaufmotive zur Kernaussage Ihrer Argumentation.

Die menschlichen Bedürfnisse
(frei nach Rohracher, Kropff, Goldmann)

1. **Vitale Bedürfnisse**
   Nahrung – Hunger, Durst, Appetit
   Sicherheit – Schutz vor Gefahr, Kälte, Hitze, Armut, Krankheit
   Gesundheitsstreben
   Ruhebedürfnis – Behaglichkeit, Entspannung, Schlaf
   Harmoniebedürfnis
   Sexualbedürfnis
   Pflegebedürfnis – Muttertrieb, Kinderliebe, Familiensinn
   Bewegungsbedürfnis – Sport, wandern, Bewegungsspiele
   Erwerbstrieb – zum Lebenserhalt
   Besitzsicherung

2. **Soziale Bedürfnisse**
   Hordentrieb – Drang zur Bildung von Gemeinschaften
   Anlehnungsbedürfnis – dazugehören wollen
   Unabhängigkeitsbedürfnis
   Geltungsbedürfnis – Anerkennung, Status, Bedeutung
   Eitelkeit – stolz auf sich sein können, schön sein
   Gewinntrieb – Bedeutung
   Machtstreben – Macht über andere ausüben
   Unterwerfung – glücklich sein, beherrscht zu werden

3. **Hedonistische Bedürfnisse**
   Lustgewinn an allem, was Spaß macht
   Rauschbedürfnis – Rauchen, Alkohol, Giftmissbrauch
   Delikatessen – raffinierte Küche, Gaumenkitzel
   Getränke, feine Weine, besondere Spirituosen
   Gier nach Süßigkeiten, Kaffee, Tee
   Wunsch nach Luxus – für sich selbst

4. **Kulturelle und geistige Bedürfnisse**
   Kunst – Musik, Literatur, Malerei, Bildhauerei, Kunstgewerbe
   Glauben – Religion, Philosophie, Esoterik
   Wissenschaft allgemein
   Bildung – freiwillige Weiterbildung
   Reisen – entdecken
   Heimatverehrung

5. **Besondere Einzelbedürfnisse**
   Spieltrieb
   Sammeltrieb
   Neugierde – Abenteuer
   Bedürfnis nach Humor

5.2 Vertrauen gewinnen und erhalten

Vertrauen ist die Einstellung, einem anderen Menschen zu trauen, ihn charakterlich für zuverlässig zu halten und ihm deshalb zu glauben. Vertrauen ist nicht nur eine Meinung vom anderen Menschen, sondern ein mit ihm eingegangenes, persönliches Verhältnis. Bewusst oder unbewusst suchen (potenzielle) Kunden nach Orientierungsdetails, die sie über die Persönlichkeit des Verkäufers und die Verlässlichkeit des anbietenden Unternehmens informieren. Deshalb ist es zweckmäßig, Merkmale zu unterdrücken, die Misstrauen erwecken. Es gilt Merkmale zu signalisieren, die erfahrungsgemäß Vertrauen schaffen.

Wie Vertrauen entsteht

Seit den 50er Jahren weisen Tests in den USA, in Russland, Deutschland, Kanada, Polen, Finnland und China (Hongkong) immer wieder die gleichen Ergebnisse aus: Es sind fünf grundlegende Kriterien, die Menschen prüfen und nach denen sie entscheiden, ob sie einem Menschen Vertrauen schenken oder nicht. In den USA entwickelten Psycho-Soziologen deshalb den Begriff „The Big Five". Daneben gibt es noch andere Kriterien, die aber vielfach als weniger bedeutsam gelten. Sie werden hier trotzdem aufgeführt, weil sie bei der Vertrauensgewinnung eine entscheidende Rolle spielen.

Wahrscheinlich haben die Menschen bereits in der Steinzeit damit begonnen, diese fünf Kriterien zu bewerten, wenn sie entscheiden mussten, wer als Wächter des Feuers über die erforderliche Zuverlässigkeit verfügte, wer wegen seiner Verträglichkeit in die Horde aufgenommen werden konnte oder wer von emotionaler Stabilität geprägt war und deshalb die Horde nicht irrational in Gefahr bringen würde.

Von Generation zu Generation wurden diese Kriterien dann als genetische Informationen weitergegeben – und erstaunlich ist, dass diese Informationen offenbar unabhängig von Region, Rasse und Kultur überall völlig deckungsgleich sind. Sehr früh fanden die Menschen auch eine „Technik" der blitzschnellen Vorinformation über die fünf Kriterien. Sie verdichteten die fünf Merkmale zu Sympathie oder Antipathie und setzten sie mit bestimmten mimischen Ausdrucksbildern um. Diese sehr alten Zuordnungen sind nach wie vor gültig.

Die Forscher Adolphs, Tranel und Damasio vom College of Medicine der University of Iowa legten von 1995 bis 1997 vielen Testgruppen Hunderte von Porträtfotos vor und ermittelten, dass Sympathie und

Antipathie in allen Testgruppen deckungsgleich auf die abgebildeten Menschen verteilt waren. Sie fanden auch die Region des Gehirns, die dafür verantwortlich ist. Es handelt sich um die so genannten Mandelkerne, einen Teil des limbrischen Systems. Dieses Ergebnis konnte erzielt werden, weil Testpersonen mit geschädigten Mandelkernen zu völlig abweichenden Ergebnissen kamen.

5.3 The Big Five: Kriterien der Vertrauensbildung

- **Gewissenhaftigkeit:** Zuverlässigkeit, Genauigkeit, Verantwortungsbewusstsein, Verlässlichkeit

- **Verträglichkeit:** soziales Verhalten, Güte, Toleranz, Hinwendung, Mitgefühl, Konfliktvermeidung

- **Emotionale Stabilität:** Beherrschung der Gefühle, vernünftiges Handeln, Berechenbarkeit

- **Extraversion:** Kontaktfähigkeit und -willigkeit, Freude am Umgang mit anderen, auf andere zugehen

- **Offenheit für das Neue:** neue, bessere Lösungen suchen, Entwicklung, Evolution ermöglichen

Tipp 49: Signalisieren Sie Gewissenhaftigkeit

Gewissenhaftigkeit reicht von der formalen Zuverlässigkeit bis hin zum verantwortungsbewussten Handeln. Der Begriff steht synonym für die Verlässlichkeit schlechthin. Kleine, formale Unzuverlässigkeiten vermitteln den Eindruck, man sei auch in den entscheidenden Dingen nicht verlässlich. Wer zu spät kommt und es mit der Zeit nicht genau nimmt, nimmt es wahrscheinlich mit der Lieferzuverlässigkeit auch nicht so genau. Deshalb: Sie müssen auch in Beiläufigkeiten zuverlässig sein.

Tipp 50: Machen Sie Verträglichkeit erlebbar

Zeigen Sie Verträglichkeit und vermeiden Sie gefährliche Diskussionssiege. So mancher Verkäufer glaubt, er müsse Kunden belehren, um fachliche Überlegenheit zu beweisen und um sich durchzusetzen. Dabei geraten Kunden in Verliererpositionen – und Menschen mögen keine Loser sein. Sie erleben uns dann als penetrant, rechthaberisch und unsympathisch.

Deshalb: Wörter und Formulierungen wie „falsch", „hier irren Sie", „nein", „Sie übersehen dabei ...", „Sie haben nicht bedacht, dass ..." gehören in den rhetorisch-dialektischen Papierkorb. Besser: „Was lässt Sie annehmen, dass ...?", „Das nahm ich bisher auch an, bis ...", „Schön wäre es, wenn ...", „Für Sie ist doch besonders wichtig, dass ...". Versuchen Sie, gemeinsam mit dem Kunden zu realistischen und vernünftigen Lösungen zu kommen und eine Win-win-Situation zu schaffen.

Tipp 51: Sprechen Sie nie schlecht über andere

Sie lehren damit den Kunden, dass Sie vermutlich mit anderen auch schlecht über ihn reden. Eine solche Verhaltensweise signalisiert moralische Unzuverlässigkeit. Äußern Sie sich positiv über andere. Zeigen Sie auch bei eindeutigem Fehlverhalten anderer Güte und Toleranz. Damit signalisieren Sie soziale Reife und Verträglichkeit.

5.4 Emotionale Stabilität

Vertrauen besteht zu wesentlichen Anteilen aus Gefühlen und Emotionen. Darum ist mit einer „unterkühlten", streng rationalen Vorgehensweise kein Vertrauen zu entwickeln. Es bedarf emotionaler Signale, die allerdings nicht so stark ausgeprägt sein dürfen, dass Ihre verlässliche Rationalität in Frage gestellt werden kann.

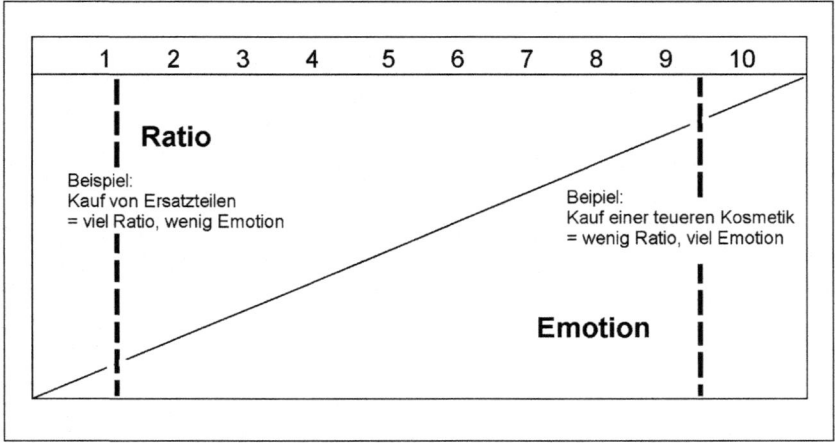

Abbildung 9: Ratio und Emotion

Viele Menschen bilden sich ein, ihre Entscheidungen ausschließlich auf der Basis rationaler Fakten zu treffen. Doch den „homo oeconomicus" gibt es nicht. Tatsächlich beeinflussen unsere Emotionen nahezu alle unsere Entscheidungen.

Einige Entscheidungen sind eher links, andere in der Mitte und wieder andere rechts zu positionieren. Der Einkauf von Ersatzteilen liegt sicherlich bei 1 bis 3 und der Erwerb einer teureren Antifalten-Creme eher bei 7 bis 10. Wichtig ist: Das Kraftfeld nahezu aller Entscheidungen besteht aus rationalen und emotionalen Werten.

Tipp 52: Vermitteln Sie emotionale Werte

Ihre Aussagen transportieren nicht nur rationale, sachliche Inhalte. Sie haben auch die Aufgabe, emotionale Werte zu vermitteln, um Kunden zu gewinnen oder zu halten. Und hierbei macht „der Ton" und nicht allein die Sachlage „die Musik". Emotionale Werte vermitteln wir durch subjektive Bewertungen: „Es freut mich, dass Ihnen das gelungen ist!", „Auch ich beobachte das mit einer gewissen Sorge!", „Ja, das gefällt mir auch!" Andererseits dürfen Sie nicht übertreiben. Menschen, die ihre Gefühle nicht beherrschen, sind kaum berechenbar – und darum für andere ein Risiko.

Extraversion

Kontaktwilligkeit ist Voraussetzung für erfolgreiches Verkaufen. Sie können Ihre Kontakttechnik systematisieren, wenn Sie tragfähige Kontakte schneller entwickeln möchten.

Der Kontakt von Menschen zueinander ist „dreipolig" und besteht aus einer Sachebene und zwei Beziehungsebenen. Die Beziehungsebene 1 (Selbstöffnung) gibt Ihren Gesprächspartnern die Möglichkeit, Sie einzuschätzen und schnell mit Ihnen vertraut zu werden. Die Beziehungsebene 2 (Hinwendung) signalisiert Ihren Gesprächspartnern, dass Sie für sie da sind, dass sie für Sie wichtig sind.

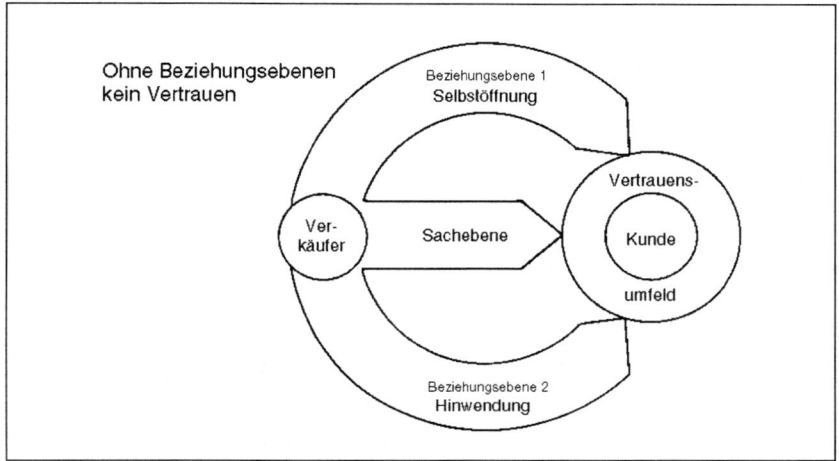

Abbildung 10: Sachebene und Beziehungsebene

Tipp 53: Selbstöffnung und Hinwendung

Nehmen Sie Ihren potenziellen Kunden die „Dunkelangst". Öffnen Sie sich und geben Sie Hinweise auf Ihre Persönlichkeit, Ihr Wertegefüge, auf Ihr Denken und Fühlen. Aber Vorsicht: Selbstöffnung heißt nicht, andere mit überlagernder Selbstdarstellung zu belästigen. Befriedigen Sie auf der Beziehungsebene „Hinwendung" das Akzeptanzbedürfnis (soziale Bedürfnisse) Ihrer Gesprächspartner. Hinwendung bedeutet, dass Sie den (potenziellen) Kunden in den Mittelpunkt des Geschehens rücken, nicht Ihre Produkte. Sie lassen ihn erleben, dass Sie sich für ihn, seine Sorgen, Befürchtungen, Wünsche und Hoffnungen interessieren – und dass Sie bereit sind, ihm zu helfen.

Offenheit für das Neue

Wenn Menschen nicht irgendwann das Rad erfunden hätten, müssten wir unsere Lasten noch immer tragen oder hinter uns herziehen. Wir müssten, um von einem Ort zum anderen zu gelangen, zu Fuß gehen oder uns tragen lassen. Bereits die Steinzeitmenschen lernten, dass Hordenmitglieder, die bereit waren, über neue Lösungen nachzudenken, für die Gruppe wertvoller waren, als Mitglieder, die nur alte Praktiken unverändert weiterführten. Offen für das Neue zu sein, bedeutet aber nicht, vernünftige Vorgehensweisen aufzugeben, nur weil sie alt sind, und es bedeutet auch nicht, Neues einzuführen, nur weil es neu ist.

> *Gib mir den Mut, zu ändern,*
> *was geändert werden kann und muss.*
> *Gib mir die Kraft,*
> *Dinge, die ich nicht ändern kann,*
> *mit Gelassenheit hinzunehmen.*
> *Und gib mit die Weisheit,*
> *das eine vom anderen zu unterscheiden.*
>
> Frei nach Friedrich Christoph Oettinger (1702 bis 1782)

5.5 Die Wertestrukturen Ihrer Kunden

Die Kleidung signalisiert Wertestrukturen. In einer Gruppe von „Pulli-und-Jeans-Menschen" wirkt ein Mann im dunkelgrauen Nadelstreifen-Anzug mit weißem Hemd und dezenter Krawatte wie ein Fremder. Er erfüllt die Wertenormen der Gruppe nicht und wird nicht angenommen. Und ein Verkäufer, der einen holzverarbeitenden Betrieb besucht und im dunkelblauen Banker-Anzug im Sägemehl steht, wirkt deplatziert. Sie sind immer dann richtig gekleidet, wenn Sie den Wertenormen Ihrer Gesprächspartner entsprechen. Eine objektiv immer passende Kleidung gibt es nicht.

> **Tipp 54: Überprüfen Sie Ihre Wertenormen und Ihr Erscheinungsbild**
>
> Richten Sie Ihr Erscheinungsbild auf die Wertenormen Ihrer Kunden aus. Menschen, die über gleiche Wertvorstellungen verfügen, „gehören dazu", sind Freunde und erhalten einen Vertrauensvorschuss. Menschen mit anderen Wertestrukturen sind Fremde, oft auch Feinde, und erhalten darum einen Misstrauensvorschuss.

Auch Ihre Außendienstausrüstung muss stimmig sein und Ihre Kompetenz unterstreichen. Professionalität, Schnelligkeit, Flexibilität und Zuverlässigkeit werden von Verkäufern erwartet. Um diesen Anforderungen gerecht zu werden, bedarf es einer sorgfältig ausgewählten Ausstattung.

Tipp 55: Wählen Sie einen passenden Dienstwagen

Wenn Sie Einfluss auf die Dienstwagen-Entscheidung haben: Optimal ist ein zuverlässiges Fahrzeug, das Rationalität signalisiert. Verzichten Sie deshalb auf einen exotischen Fahrzeugtyp. Ihr Fahrzeug darf nicht ärmlich wirken, weil Kunden von einem Loser kein „Heil" erwarten. Gefährlich sind aber auch Luxuswagen, die Ihre Kunden neidisch machen.

Tipp 56: Aktenkoffer – Eleganz allein reicht nicht

Verzichten Sie auf die besonders flachen, eleganten Aktenkoffer, die Ihnen die verschiedenen Unterlagen liegend anbieten. Sie brauchen einen Aktenkoffer, in dem Ihre Unterlagen stehen. Nur so können Sie eine Unterlage mit einem Griff ziehen. Suchprozesse mit Verlust des Blickkontakts stören die Überzeugungsarbeit.

Tipp 57: Verwenden Sie adäquates Visualisierungsmaterial

Mit Visualisierungen lockern Sie auch strenge Themen auf, bieten Sie Erlebniswert und verdeutlichen komplizierte Zusammenhänge. Dabei ist ein Tischflipchart sehr zweckmäßig. Wenn Sie Dateien oder Berechnungen darstellen wollen, sollten Sie Ihren Laptop oder Ihr Notebook mitbringen und einen Beamer einsetzen.

Tipp 58: Vermitteln Sie Kompetenz mit Laptop und Notebook

Wenn Sie einen Laptop oder ein Notebook mit Minidrucker dabei haben (gibt es als Koffer-Kombination), können Sie Regelangebote direkt am Schreibtisch des Kunden erstellen. Sie dokumentieren damit Schnelligkeit und Kompetenz. Mit einem leistungsstarken Notebook, einem Datenanschluss über UMTS und einem Hochleistungszugang zum Firmennetz verfügen Sie über ein funktionstüchtiges mobiles Büro. Mit einem CapShare (mobile Papiererfassung) können Sie beim Kunden wichtige Unterlagen, zum Beispiel Konstruktionszeichnungen oder Auflistungen erfassen und über Ihren Handy-Communicator per E-Mail oder E-Fax an Ihre Zentrale schicken und auf sofortige Entscheidung warten. Mit dieser Ausrüstung können Sie auch Ausnahmeangebote bereits im Kundengespräch abgeben.

Beweisen Sie sich als Ratgeber und aktiver Zuhörer

Kunden erwarten von „landläufigen" Verkäufern, dass sie nur ihren eigenen, egoistischen Verkaufsinteressen folgen, möglichst hohe Umsätze erzielen wollen und deshalb unehrlich beraten. Diese Erwartungshaltung gilt es aufzulösen.

Tipp 59: Treten Sie als ehrlicher Ratgeber auf

Zunächst sollten Sie die Bedarfsfelder Ihrer möglichen Kunden exakt ermitteln und dann die möglich Kunden ehrlich beraten (the best advice). Dies muss so weit gehen, dass Sie einem Kunden von bestimmten Produktausführungen oder Mengen abraten, wenn Sie zweifelsfrei erkennen, dass dem Kunden damit nicht gedient ist. Jeder Verkauf, der einem Kunden nichts nützt, schadet den Verkäufern und ihren Unternehmen.

Wer aktiv zuhören kann, erfährt sehr viel über seinen Kunden, seine Motivation, seine Beweggründe, seine Sachzwänge, Hoffnungen, Wünsche, Befürchtungen und Pläne. Darüber hinaus geben wir unseren Gesprächspartnern eine „Bühne" zur Selbstdarstellung und ermöglichen ihm damit die Befriedigung eines sozialen Bedürfnisses.

Tipp 60: Hören Sie konzentriert zu

Unterdrücken Sie den Antrieb zur geltungsbedürftigen Selbstdarstellung. Sie erhalten schneller und mehr wichtige Informationen über den Kunden, seine Wünsche und Sachzwänge, wenn Sie weniger reden und dafür konzentriert zuhören. Dabei haben Sie auch Gelegenheit, die nonverbalen Signale Ihrer Gesprächspartner zu beobachten und zu bewerten.

Entwickeln Sie Problemlösungen

Kunden wollen keine Produkte kaufen. Sie haben Probleme ohne bestimmte Produkte. Die eigentlichen Kaufmotive sind die Probleme hinter den Produkten.

**Tipp 61: Machen Sie die Bedarfsanalyse vor
der Produktvorstellung**

Beginnen Sie nach der formalen Gesprächseröffnung und dem Small-talk und grundsätzlich vor der Vorstellung Ihrer Produkte oder Leistungen mit einer Bedarfsanalyse. Sie müssen die Probleme des Gesprächspartners und damit seine möglichen Kaufmotive kennen. Erst dann können Sie Lösungen entwickeln. Selbstverständlich sind die Kernpunkte dieser Lösungen Ihre Produkte und Leistungen. Je eher und intensiver der Kunde erlebt, dass Sie Ihre Erfahrung und Ihr Spezialwissen einbringen, um seine Probleme zu lösen, umso eher und intensiver wird er Ihnen vertrauen.

Entwickeln Sie Kontaktmedien

Menschen suchen Kontakte zu gleichgesinnten Menschen. Welche Meinungen, Standpunkte, Hobbys und Interessen pflegen Ihre Kunden? Genau mit diesen Interessenbereichen sollten Sie sich beschäftigen. Die „verbrüdernden" Gemeinsamkeiten überbrücken oft sachliche Differenzen. Prüfen Sie diese Empfehlungen zur Vertrauensgewinnung: Wem vertrauen Sie besonders, und welche dieser Merkmale treffen auf diesen Menschen zu?

Der Integrations-Dominations-Quotient (IDQ)

Im IDQ wird nach Correl die Anzahl der integrativen, der übereinstimmenden oder nachgiebigen Verhaltensformen und Formulierungen durch die Anzahl der dominativen, durchsetzenden Verhaltensformen dividiert. Damit entsteht ein Wert zur Beurteilung der Partnerschaftsqualität. Je höher der IDQ ausfällt, umso einvernehmlicher, schneller und erfolgreicher verlaufen Verkaufsgespräche. Je niedriger der IDQ ist, umso zäher, länger, strittiger und erfolgloser verlaufen die Überzeugungsprozesse.

Tipp 62: „Bilanzieren" Sie Aussagen

Ihre Gesprächsführung sollte so angelegt sein, dass die Anzahl der Integrationsbemerkungen erkennbar größer ist als die Anzahl der dominativen Aussagen. Deshalb: In beiläufigen Gesprächsteilen geben Sie sich nachgiebig und verzichten auf Durchsetzung. In entscheidenden, fachlichen Gesprächsteilen operieren Sie mit partieller Zustimmung, schaffen zusätzliche Gemeinsamkeiten und damit ein „Guthaben" für Durchsetzungsaussagen. Sie führen Ihre Gesprächspartner zu neuen Einsichten und achten darauf, dass Sie keine Verlierer schaffen.

Selbstverständlich können Sie Ihre Gespräche nur integrativ führen, wenn Sie wissen, was Ihre Gesprächspartner wünschen, hoffen oder befürchten. Deshalb ist es für den zweckmäßigen Einsatz des IDQ zwingend erforderlich, dass Sie die Motive und Bedürfnisse Ihrer Gesprächspartner vor den entscheidenden Gesprächsteilen sorgfältig analysiert haben.

Dominative Fragmente (Befehl, Überlegenheit, Durchsetzung):
- „Sie müssen ..."
- „Sie sollten ..."
- „Sie können nicht ..."
- „Sie haben dabei zu beachten, dass ..."
- „Ich erwarte von Ihnen, dass Sie ..."
- „Das sehe ich aber ganz anders."

Integrative Fragmente (Hinwendung, Gemeinsamkeit, Nachgiebigkeit):
- „Gemeinsam können wir ..."
- „Ihre Sicherheit ist unser Anliegen. Deshalb ..."
- „Wir vertreten Ihre Interessen und ..."
- „Völlig richtig, so sehe ich das auch."
- „Sehr gut, das wäre eine Lösung."

5.6 Kundentypen und Verhandlungsstil

Die aus heutiger Sicht etwas zweifelhaften Versuche, Menschen bestimmten Typuskategorien zuzuordnen, sind nicht Gegenstand unserer Überlegungen, wenn hier von Kundentypen die Rede ist. Menschen sind vielfältig und nicht zu katalogisieren. Aber jeder, der über Verhandlungserfahrungen verfügt, weiß, dass es nur wenige, immer wiederkehrende Verhaltensmuster gibt (abgesehen von sehr seltenen Ausnahmen). Auf diese können Sie sich einstellen, wenn Sie sie kennen.

Der Redselige spricht pausenlos, oft auch vom Thema weg. Seine Lust an ständiger und übersteigerter Selbstdarstellung macht ihn zum „Alleinunterhalter". Dieses Verhalten schwächt den angestrebten Überzeugungsprozess erheblich ab und stiehlt Ihnen Zeit. Er hört nur oberflächlich zu, weil er, während Sie reden, bereits seine nächste Aussage vorformuliert. Darum begreift er auch entscheidende Inhalte nicht. Am Ende der Verhandlung trennt man sich dann zumeist sehr herzlich, aber erfolglos.

Tipp 63: Unterbrechen Sie redselige Kunden nicht

Einen redseligen Kunden müssen Sie disziplinieren. Rüde unterbrechen dürfen Sie seine Dauererzählungen nicht. Er ist geltungsbedürftig und würde deshalb eine Unterbrechung als Zurückweisung und als Kränkung erleben. Darum: Gehen Sie interessiert auf eine seiner abschweifenden Aussagen ein, führen Sie den Gedanken einen Satz (oder zwei Sätze) weiter – und unterbrechen Sie sich dann selbst. Beispiel: „Sie haben völlig Recht, ich sollte auch einmal Urlaub in der Karibik machen, aber hier muss ich mich unterbrechen. Wir wollten uns doch heute über ... unterhalten, und hier ..."

Der Bedächtige sitzt oder steht vor Ihnen wie aus Fels gemeißelt und zeigt kaum mimischen Ausdruck. Auch Gestik ist nicht erkennbar. Sein Blick ist ruhig, offen, abwartend und manchmal etwas misstrauisch. Er denkt und redet langsam, aber präzise. Seine Sätze sind kurz und prägnant. Wenn er sich einmal entschieden hat, gilt diese Entscheidung für die Ewigkeit. Er denkt und entscheidet ohne Hektik. Er nimmt sich viel Zeit, um seine Entscheidungen nach bestem Wissen abzusichern. Deshalb lässt er sich eine fremde Verhandlungsgeschwindigkeit nicht aufzwingen. Er legt keinen Wert auf lockere Unterhaltung.

Tipp 64: Spiegeln Sie bedächtige Kunden

Passen Sie sich seiner ruhigen Sachlichkeit an. Aber entwickeln Sie Interaktion. Stellen Sie knappe und präzise Fragen. Wenn er fragt, antworten Sie kurz und genau. Verzichten Sie auf schmückendes Beiwerk und „Sprachgirlanden" in Ihren Formulierungen. Verzichten Sie auch auf amüsante, wendige Rhetorik. Was andere für elegant-wendig halten, hält er für windig und entwickelt Ablehnung.

Der Unentschlossene kann sich nur schwer entscheiden, weil er unstrukturiert denkt. Er mischt ständig Emotion und Ratio – und die Bedeutungen von Kosten und Nutzen schwanken häufig. Gerade noch hat er gesagt: „Also gut, wir machen das!" – da unterbricht er sich selbst und äußert: „Andererseits ist es aber vielleicht doch besser, wenn ..."

Tipp 65: Bieten Sie dem Unentschlossenen keine Alternativen an

Wer schon nicht entscheiden kann, ob er überhaupt kaufen soll oder nicht, wird durch jede Alternative noch mehr verunsichert. Dieser Kunde braucht fachlichen Rat. Entwickeln Sie mit ihm gemeinsam ein Entscheidungsmodell. Schreiben Sie ihm auf, was dafür und was dagegen spricht, und bewerten Sie die einzelnen Positionen. Damit strukturieren Sie sein Denken.

Der Besserwisser bereitet vor allem sehr jungen Verkäufern erhebliche Probleme. Er behauptet, alles bereits zu kennen, nach dem Motto: „Das ist doch alles ein alter Hut, junger Mann!" Er ist überheblich, führt unrichtige Fakten in die Verhandlung ein und spielt seine Reife unzulässig gegen den „jungen Mann" aus.

Tipp 66: Bestätigen Sie dem Besserwisser seine Reife und Erfahrung

Dem Besserwisser sollten Sie zunächst einmal seine Reife und Erfahrung bestätigen, denn genau das will er erreichen. Dann stellen Sie sich als Spezialist dar, der seine Erfahrung ergänzt. Anschließend operieren Sie über partielle Zustimmung.

Der Schweigsame wird manchmal mit dem Bedächtigen verwechselt. Doch der Schweigsame ist weniger selbstbewusst, er ist introvertiert, die aktive Kontaktbildung liegt ihm nicht. Er ist zurückhaltend und erwartet die Aktivität von Ihnen. Einmal „aufgetaut", kann er sich durchaus schnell und wendig verhalten. Interaktion ist nur sehr schwer mit ihm zu entwickeln, weil er ohne Aufforderung nicht aktiv wird und kaum etwas sagt.

Tipp 67: Aktivieren Sie den Schweigsamen mit Fragen

Wenden Sie sich dem schweigsamen Kunden zu, und sehen Sie ihn freundlich an. Vermeiden Sie große Lautstärke, scharfe und fordernde Formulierungen, und aktivieren Sie ihn mit offenen Fragen. Damit zwingen Sie ihn zu formulieren, und er kann sich nach und nach freisprechen. Sie werden sehen: Ihr Kunde gerät mit Ihnen in Interaktion, und Sie erhalten Informationen für Ihre Bedarfsanalyse.

Der Beleidigende weiß genau, dass beleidigende Bemerkungen ungehörig sind. Er macht sie trotzdem, weil er weiß, dass Sie sich nicht wehren dürfen. Deshalb lässt er seiner Aggressivität freien Lauf. Er hofft, dass Sie den Satz „Jeden Streit mit einem Kunden verliert der Verkäufer" in der Erregung vergessen. Er hat meist auch den Nutzen des Gesprächs noch nicht erkannt und erhält durch Streit einen Grund für den Gesprächsabbruch. Vielfach macht er sich später auch noch die Mühe, sich schriftlich zu beschweren.

Tipp 68: Kontern Sie Beleidigungen überlegen

Wenn Sie seine Beleidigungen aggressiv quittieren, verlieren Sie jede Chance, ihn als Kunden zu gewinnen. Versuchen Sie zu versachlichen und stellen Sie Fragen. Sie können praktisch jede Beleidigung mit einer Frage quittieren.

Beispiel:

Kunde: „Sie tun so, als wollten Sie mich beraten. Tatsächlich wollen Sie doch nur an mein Geld!"

Verkäufer: „Was haben Sie gegen Verkauf? Alle, auch Ihre Produkte müssen verkauft werden. Und, meinen Sie nicht auch, dass ich auf Dauer erfolgreicher verkaufe, wenn ich meine Kunden korrekt berate?"

Der Hyperaktive glaubt, er könne mit zwei Telefonen gleichzeitig telefonieren oder mit mehreren Personen parallel unterschiedliche Gespräche führen. Sein Schreibtisch und/oder Arbeitsraum ist unordentlich, die Ärmel seines Oberhemdes sind zweimal umgeschlagen, und die Krawatte ist gelockert. Er empfängt Sie, während er telefoniert, hält das Mikrofon kurz zu und sagt: „Nehmen Sie Platz und fangen Sie schon an, ich kann beides!" Er nimmt an, Erfolg sei nur durch hektische Aktivität zu erzielen.

Tipp 69: Signalisieren Sie Aktivität

Der „hyperaktive" Gesprächspartner kann nicht beides. Deshalb fangen Sie nicht schon an. Bleiben Sie aber auch nicht bewegungslos sitzen oder stehen. Er könnte annehmen, sie gehörten zur „langsamen Truppe". Verhalten auch Sie sich aktiv. Er soll erleben, dass Sie „Brüder im Geiste" sind. Nehmen Sie Ihre Unterlagen aus Ihrem Aktenkoffer, ordnen Sie diese Unterlagen scheinbar neu, lesen Sie aufmerksam Ihre Besuchsvorinformation, packen Sie Muster aus und machen Sie sich ein paar Notizen. Wenn er den Telefonhörer auflegt, beginnen Sie sofort ohne langen Smalltalk. Führen Sie das Gespräch schnell und konkret. Vermeiden Sie hochtrabende Fremdwörter. Operieren Sie knapp, konkret und gegenwartsbezogen.

6. Rhetorische Dialektik im Verkaufsgespräch

6.1 Aufbau des Überzeugungsprozesses

Der Smalltalk

Das Verkaufsgespräch ist ein Überzeugungsprozess. Er beginnt mit einem Smalltalk, der den Gesprächspartnern Gelegenheit gibt, sich über die Persönlichkeit des jeweils anderen Gesprächspartners zu informieren. Wer ist der andere? Wie denkt und fühlt er? Diese Phase ist wichtig, weil sie Orientierung bietet. Denn wie wollen Sie zielorientiert verhandeln, wenn Sie nicht wissen, wie der andere auf welche Inhalte voraussichtlich reagiert? Der Smalltalk bestimmt deshalb oft den Verlauf des gesamten Verkaufsgesprächs.

Konservativ ausgerichtete Gesprächspartner, die großen Wert auf tradierte Umgangsformen legen, wollen nicht gleich nach der Begrüßung das Sachgespräch beginnen. Sie tauschen zunächst unverbindliche Floskeln aus und haben dabei Gelegenheit, den Fremden „abzutasten". Der Macher-Typus dagegen steht permanent unter Zeitdruck. Es ist ihm egal, wer der andere ist. Er packt zu und kommt sofort zur Sache. Er denkt gegenwartsbezogen, will Fakten und hat kein Interesse, sich erst auf den Gesprächspartner lange einstellen zu müssen.

Auf diese beiden Verhaltensmuster müssen Sie vorbereitet sein. Wenn Sie zum Beispiel im Gespräch mit dem formgebundenen, konservativen Gesprächspartner ohne Smalltalk direkt das Sachgespräch beginnen, missachten Sie die von ihm geforderten Umgangsformen. Und wenn Sie den Macher-Typus mit langwierigen Smalltalks „ausbremsen", erregen Sie seinen Unwillen.

Tipp 70: Smalltalk – lang oder kurz?

Analysieren Sie schon vor und während der Begrüßung, wen Sie vor sich haben. Der formale, konservative Gesprächspartner ist oft bereits an seinem Arbeitsumfeld zu erkennen. Sein Arbeitszimmer ist sein Refugium, formale Gestaltungsabsicht ist erkennbar. Edle Hölzer und wertvolle Teppiche deuten auf Geschmack und Wohlstand hin. Der Macher-Typus hat sich funktionell eingerichtet. Leicht zu reinigende, glatte Fußböden zieht er altmodischen Staubfängern vor. Entweder beherrschen Chrom und Glas die Szene, oder seine Einrichtung ist nahezu deckungsgleich mit den Einrichtungen der anderen Büros. Sein Schreibtisch ist unordentlich und übervoll, weil er stets an mehreren Vorgängen gleichzeitig arbeitet und dabei auch noch über zwei Telefone Gespräche führt. Er arbeitet auch gern mit offenen Türen, weil es für ihn lästig ist, sie ständig zu öffnen oder zu schließen. Einige erklären auch, sie ließen alle Türen offen, weil es eine unkomplizierte Form der Information sei, wenn jeder hören könne, was in den anderen Räumen gesprochen würde. Auf der Basis dieser Beobachtungen können Sie Ihren Smalltalk entweder kurz und knapp oder länger und unterhaltsamer führen.

Tipp 71: Smalltalk – die Themen

Die üblichen Themen sind: das Wetter, die Anfahrt, der Ort, das Verwaltungsgebäude. Diese Themen fallen leicht, werden sehr häufig angesprochen und sind deshalb auch etwas abgegriffen. Besser sind Themen, die inhaltlich einen glatten, zwanglosen Übergang zum Sachgespräch ermöglichen. Beispiel: „Sagen Sie, wie beurteilen Sie die Auswirkungen der Wirtschaftslage auf Ihre (unsere) Branche?"

Aufbau nach Assoziationsketten

Überzeugungsgespräche unterscheiden sich von lockeren Unterhaltungen durch zielgerichtete Strukturierung. Der Verkäufer versucht, sich in die Assoziationsketten des Kunden einzuschalten, das heißt, er strukturiert den Überzeugungsprozess stufig und deckungsgleich mit den sich entwickelnden Assoziationen des Kunden.

Assoziationen sind Verknüpfungen von Gedanken, von denen jeweils der Vorgedanke den nächsten Folgegedanken bestimmt. Assoziationen entstehen durch zwei Gesetzmäßigkeiten. Die erste ist die Gleichzeitigkeit; sie besagt, dass Vorstellungen, die einmal gleichzeitig im Bewusstsein waren, eine Tendenz haben, sich gegenseitig zu wecken. Die zweite Gesetzmäßigkeit ist das Prinzip der Folge: Diese besagt, dass Vorstellungen, die einmal kurz hintereinander gefolgt sind oder durch logische Ableitungen in Folge stehen, die Tendenz haben, sich miteinander zu verknüpfen. Durch die Aneinanderreihung von bewussten und unbewussten Inhalten oder Inhalten mit logischen Ableitungen entstehen Assoziationsketten.

Auf der Erkenntnis, dass der Kaufabschluss das Endstück einer Assoziationskette ist, basieren unterschiedliche Formeln. Die Unterschiede bestehen lediglich aus den Begriffsunterlegungen und den Abgrenzungen der einzelnen Stufen. Der Inhalt der meisten Formeln ist weitgehend deckungsgleich.

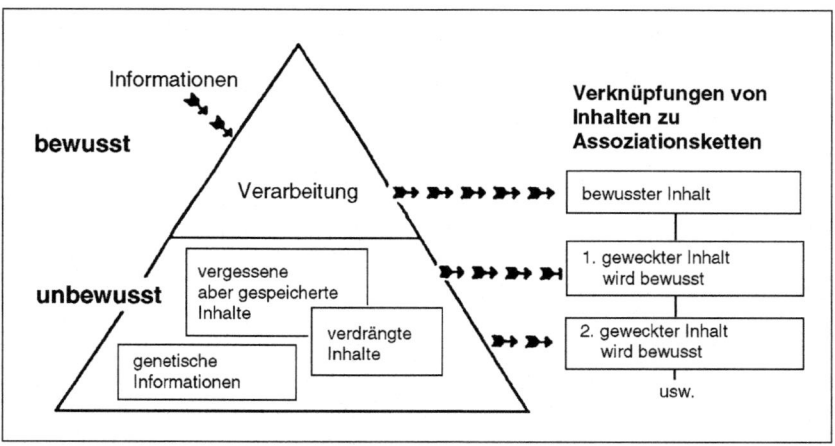

Abbildung 11: Bewusste und unbewusste Assoziationen

Die AIDA des Mr. Lewis

Die AIDA ist wahrscheinlich die bekannteste Formel zur Struktur des Überzeugungsprozesses. Sie wird überwiegend in der Werbung eingesetzt. Ein Werbemittel muss zunächst auffallen, weil sonst die Botschaft nicht wahrgenommen werden kann. Anschließend folgt die Erregung des Interesses, damit die Überzeugungsarbeit auch aufgenommen wird. Und jetzt erst folgt das Wecken des Wunsches nach der angebotenen Leistung. Der Abschluss ist die Auslösung einer Handlung (z. B. Kauf).

Die AIDA hat auch durchaus Chancen beispielsweise im Messever-
kauf, im Shop-in-Shop-Verkauf des Einzelhandels oder im Marktver-
kauf, weil das Wecken der Aufmerksamkeit vielfach zum Heranziehen
potenzieller Kunden erforderlich ist. Auch die durchschnittliche Erwartungshaltung von Kunden ist von Land zu Land sehr unterschiedlich. In Spanien und in Frankreich erwarten viele Kunden einen
konservativeren Auftritt des Verkäufers als in Deutschland. In den
Nordstaaten der USA hingegen ist die Erwartungshaltung auf einen
progressiveren Auftritt ausgerichtet. So habe ich beispielsweise einen
US-Verkäufer erlebt, der eindeutig mit „Attention" sein Gespräch er-
öffnete. Er legte seine Armbanduhr auf den Tisch und sagte: „So, Herr
Kunde, wenn ich Sie innerhalb von 15 Minuten nicht überzeugt habe,
dann schmeißen Sie mich raus!"

> **Tipp 72: So bauen Sie den Überzeugungsprozesses nach
> AIDA auf**
>
> | A | = | Attention | Aufmerksamkeit erzielen |
> |---|---|-----------|-------------------------|
> | I | = | Interest | Interesse steigern |
> | D | = | Desire | Wunsch wecken |
> | A | = | Action | Auslösung einer Handlung |

DIBABA nach Heinz Goldmann

Hier handelt es sich um einen sechsstufigen Aufbau des Verkaufsgesprächs. In der Definitionsstufe wird zunächst über den Bedarf des
Kunden gesprochen – und nicht über das Produkt. Die Identifizierungsstufe stellt das Produkt vor und identifiziert das Produkt als Mittel zur Bedarfsdeckung. In der Beweisstufe wird die volle Identifizie-
rung argumentativ bewiesen. Darauf folgt die Annahmestufe als Wendepunkt des Gesprächs. Von sich aus muss der Kunde der Richtigkeit
der Beweisführung zustimmen, das heißt, er bestätigt, dass er die Beweisführung angenommen hat.

In der Begierdestufe wird der Wunsch nach der angebotenen Leistung
verstärkt. Dies geschieht durch die Darstellung von Zusatznutzen,
durch Reserve-Vorteile, durch Emotionalisierung und durch die Vermittlung der Einsicht, dass der Kauf sachlich zwingend ist. Erst mit der
Abschlussstufe erfolgt die Aufforderung zum Kauf.

Die DIBABA ist ohne jeden Zweifel eine hervorragende Formel für
die Strukturierung von Verkaufsgesprächen. Uns erschien sie jedoch

durch den Einbau der Begierdestufe eher für den Verkauf von Konsumgütern an private Endverbraucher geeignet, weniger für den Verkauf an industrielle und gewerbliche Kunden und auch nicht für den Verkauf an den Handel.

Tipp 73: So bauen Sie den Überzeugungsprozess nach DIBABA auf

1. Stufe: Definitionsstufe
2. Stufe: Identifizierungsstufe
3. Stufe: Beweisstufe
4. Stufe: Annahmestufe
5. Stufe: Begierdestufe
6. Stufe: Abschlussstufe

ISABA

Deshalb habe ich schon vor Jahren eine verwandte, aber doch etwas andere Formel – die ISABA – entwickelt. Viele besonders erfolgreiche Verkäufer haben bestätigt, dass sie diese Formel im Beratungsverkauf regelmäßig einsetzen. Neben der Assoziationsfunktion hat sie noch einen Nebennutzen: Sie bietet als Ablaufstruktur Stufe um Stufe Ansätze für rhetorische Standards.

Tipp 74: So bauen Sie den Überzeugungsprozess nach ISABA auf

I = Ist-Zustand: Hier wird der subjektive Bedarf (der Bedarf, von dem der Kunde annimmt, dass er ihn habe) und der objektive Bedarf (den er tatsächlich hat) des Kunden ermittelt. Darüber hinaus werden die Gegebenheiten des Ist-Zustands beim Kunden analysiert. Dabei muss Mangel deutlich werden.

S = Soll-Zustand: Ermittlung, was der Kunde plant, will und wünscht. Will er wachsen oder schrumpfen? Will er in neue Märkte und/oder sucht er neue Kunden? Was kann der Kunde erreichen?

A = Angebot der Problemlösung: Hier beginnen Sie zum Beispiel mit dem Satz: „Und sehen Sie, genau dabei können wir Ihnen helfen!" Erst jetzt stellen Sie das Produkt vor – als Problemlösung.

B = Beweisführung: Hier beweisen Sie, dass mit Ihrem Angebot (A) der mangelhafte Ist-Zustand korrigiert und der erstrebenswerte Sollzustand (S) erreicht wird.

A = Auslösung einer Handlung: Auch die größte Überzeugung schwächt sich mit der Zeit ab. Deshalb muss hier eine Aktion eingeleitet werden, die Sie Ihrem Ziel näher bringt (Angebot, weitere Muster, Abschluss u. a.).

6.2 Mit Fragen Gespräche führen

Im Verkaufsgespräch halten Sie keine Vorträge, langweilen Sie Ihre Gesprächspartner nicht mit Referaten. Sie wollen Ihre Kunden über Interaktion in den Verkaufsprozess einbeziehen. Ihre (potenziellen) Kunden sollen

• Ihnen die erforderlichen Informationen liefern, damit Sie ihren Bedarf, ihre Wünsche, Hoffnungen, Befürchtungen und Möglichkeiten erkennen und Gemeinsamkeiten mit ihnen entwickeln können,

• Ihre Gesprächsstruktur annehmen, damit der dramaturgische Aufbau des Gesprächsprozesses zur Überzeugung Ihrer (potenziellen) Kunden führt,

• sich selbst, ihr Unternehmen und ihre Leistung darstellen können,

• das Gefühl entwickeln, ein wichtiges und gutes Gespräch zu führen,

• erkennen lassen, ob sie Sie verstanden haben und ob sie Ihrer Gesprächsstruktur folgen.

Wenn Sie interessierte Fragen stellen, werden Ihre Kunden antworten, denn Fragen werden als Interesse oder als Bitte um Information verstanden. Wer fragt, bestimmt die Gesprächsstruktur, weil er agiert. Wer antwortet, reagiert und nimmt damit die angebotene Struktur an. Deshalb: Führen Sie Gespräche mit Fragen, damit Sie das angestrebte Gesprächsziel erreichen. Sie müssen aber auch genau zuhören, aktiv zuhören, das heißt durch Nachfragen, Bestätigungen und Kommentare das Zuhören deutlich erkennbar machen.

Fragearten, Fragekonstruktionen, Frageaufgaben

Wir unterscheiden offene und geschlossene Fragen, unterschiedliche Fragekonstruktionen und Frageaufgaben:

- offene Fragen
- geschlossene Fragen
- Alternativfragen
- Suggestivfragen
- Gegenfragen
- Unterstellungsfragen
- Kontrollfragen
- Folgefragen
- Was-noch-Fragen
- Voraussetzungsfragen

Offene Fragen sind Fragen, die man nicht mit „ja" oder „nein" beantworten kann. Sie werden auch als W-Fragen bezeichnet, weil sie fast immer mit einem „W" beginnen („wer", „was", „wann", „wo", „wie", „weshalb", „wieso", „warum", „weswegen", „womit"). *Beispiel:* „Weshalb nehmen Sie diese Nachteile in Kauf?" Offene Fragen zwingen zu ausführlichen Antworten. Sie erfüllen sehr unterschiedliche Aufgaben und sind deshalb besonders wichtig.

> **Tipp 75: Stellen Sie offene Fragen**
>
> Offene Fragen sind geeignet, wenn Sie Zeit zum Nachdenken benötigen, ausführliche Informationen brauchen, Interaktion entwickeln wollen, Ihren Gesprächspartnern eine „Bühne" zur Selbstdarstellung geben möchten oder Beleidigungen kontern müssen.

Geschlossene Fragen sind Fragen, die mit „ja" oder „nein" zu beantworten sind. Beispiel: „Genügt Ihnen dieser Spielraum?"

Tipp 76: Stellen Sie geschlossene Fragen, wenn Sie Klarheit benötigen

Geschlossene Fragen sind geeignet, um Gesprächspartner auf präzise Standorte festzulegen, Produktarten und -mengen unmissverständlich festzulegen, Vereinbarungen bestätigen zu lassen, Zeiten und Zeiträume zu definieren, Missverständnisse auszuschließen und erlebbar zu machen, dass Sie verstanden haben.

Alternativfragen konzentrieren den Gesprächspartner auf Alternativen, also beispielsweise auf zwei Lösungen. Weitere, oft unerwünschte Lösungen werden kaum noch beachtet. Der Grund: Eine Alternative zu wählen, erfordert weniger Aufwand, als nach einer weiteren Lösung zu suchen. Beispiel: „Also, Herr Kunde, wollen wir nun unsere Zusammenarbeit gleich nächste Woche beginnen oder wäre es Ihnen nach dem Fest angenehmer?" Die Lösung, „Wir wollen überhaupt nicht beginnen" gerät in den Bewusstseinshintergrund.

Tipp 77: Grenzen Sie mit Alternativfragen die Entscheidungsfreiheit des Kunden ein

Stellen Sie Alternativfragen, wenn Sie eine bestimmte Kundenentscheidung ausschließen wollen. Bieten Sie in den Alternativfragen nur Lösungen an, die für Sie günstig sind. Damit erwecken Sie den Eindruck einer sorgfältigen Abwägung.

Suggestivfragen enthalten bereits die gewünschte Antwort. Das Gespräch erhält die angestrebte Richtung, wenn die Suggestivfrage angenommen wird.

Beispiele:

- *(Richtig:)* „Ich glaube, mit der von uns gemeinsam erarbeiteten Lösung können Sie nun auch neue Zielgruppen ansprechen, nicht wahr?"

- *(Falsch:)* „Sicher sind Sie doch auch der Meinung, dass an einer Zusammenarbeit mit uns kein Weg vorbeiführt, nicht wahr?" (Gedanke: Wieso? – Bisher kam ich ja auch ohne Sie aus)

Aber Vorsicht: Suggestivfragen machen misstrauisch, wenn sie gehäuft gestellt werden oder wenn die Plausibilität nicht zweifelsfrei erkennbar ist.

Gegenfragen bieten Ihnen die Möglichkeit, einer im Augenblick unzweckmäßigen Antwort auszuweichen und die „Beweislast" zu verlagern. Aber Vorsicht: Gegenfragen sind in Deutschland nur mit „Anmeldung" zulässig. In Großbritannien dagegen gehören Gegenfragen in das Repertoire erfolgreicher Verkäufer. Gegenfragen ohne „Anmeldung" würden hier bei uns häufig gekontert: „Bitte gehen Sie zunächst auf meine Frage ein, bevor ich Ihre Frage beantworte!"

Beispiele:

● *(Richtig:)* Der Kunde fragt: „Gut, was würde mich denn der ‚Spaß' kosten?" Gegenfrage: „Um Ihre Frage beantworten zu können, brauche ich zunächst ein paar Informationen von Ihnen (Anmeldung der Gegenfrage). Wie hoch ist zum Beispiel Ihre ...?"

● *(Falsch:)* Der Kunde fragt: „Gut, was würde mich denn diese Lösung kosten?" – Antwort: „Was wollen Sie denn für diese Vorteile ausgeben?"

Unterstellungsfragen sind sinnvoll, wenn die Unterstellungen plausibel sind; sie sind aber unzweckmäßig, wenn die Unterstellungen auf Ablehnung stoßen. Wer eine Unterstellungsfrage beantwortet, hat die Unterstellung bereits akzeptiert.

Beispiele:

● *(Richtig:)* „Gut, gehen wir einmal davon aus, dass auch Sie Ihre Umsatzrendite verbessern wollen. Wäre es da nicht für Sie interessant, die hohen Personalkosten zu senken?

● *(Falsch:)* „Wir dürfen wohl unterstellen, dass innerhalb der nächsten drei Jahre auch in Deutschland die Ernährungsgewohnheiten anspruchsvoller werden. Halten Sie es unter dieser Voraussetzung nicht für zweckmäßig, Ihr Sortiment umzustellen?"

Mit **Kontrollfragen** kontrollieren Sie, ob Ihr Gesprächspartner Ihren Überlegungen folgt und ob er sie begreift. Diese Kontrolle ist wichtig, weil viele Menschen in Gesprächen nicht alles sofort verstehen, dies aber nicht zu erkennen geben. Noch schlimmer: Sie wissen nicht, dass sie nicht begreifen. Beispiel: „Welche der beiden von mir dargestellten Lösungen erscheint Ihnen zweckmäßiger?" Vielleicht wird der Kunde antworten: „Wo liegt denn eigentlich der Unterschied?" In jedem Fall können Sie an der Antwort erkennen, wo der Kunde steht.

Folgefragen helfen, wenn Ihr Gesprächspartner Ihnen nicht die Möglichkeit gibt, das Gespräch durch Fragen in die gewünschte Richtung zu lenken. Sie kommen aber kaum an Ihr Gesprächsziel, wenn der Kunde die Gesprächsführung behält. Durch eine Folgefrage nehmen Sie ihm die Gesprächsführung ab. Beispiel:

* „Also, Herr X, wie lange dauert es durchschnittlich, bis Sie ungewöhnliche Sonderkonstruktionen ausliefern können?" „Das ist von der jeweiligen Konstruktion abhängig. Aber, sagen Sie, wie oft sind denn Sonderkonstruktionen eigentlich erforderlich?"

Was-noch-Fragen sind besonders in der eigentlichen Abschlussphase sehr wertvoll. Sie erhöhen fast unmerklich den Abschlussdruck gerade bei entscheidungsschwachen Gesprächspartnern. *Beispiel:* „So, Herr Kunde, was wäre noch zu klären, bevor Sie sich entscheiden?" Wenn der Kunde antwortet: „Ja, eigentlich nichts", sind Sie am Ziel. Sollte er aber sagen: „Ja, da wäre noch ...", dann wissen Sie, was ihn noch zögern lässt und können das letzte Hemmnis argumentativ auflösen.

Voraussetzungsfragen sind Fragen, die nach dem „Zugabeprinzip" in der Für-und-wider-Abwägung des (potenziellen) Kunden schließlich das „Für" begünstigen. Beispiel: „Gut, Herr Kunde, vorausgesetzt, ich könnte bei uns im Hause durchsetzen, dass wir diese Sonderregelung akzeptieren, würden Sie sich dann für eine Zusammenarbeit entscheiden?"

> **Tipp 81: Voraussetzungsfragen helfen, wenn der Kunde zögert**
>
> Stellen Sie eine Voraussetzungsfrage (siehe Beispiel), wenn der Kunde knapp vor dem Abschluss noch zögert, weil er Nutzen und Preis nahezu gleich bewertet. Der Nutzen wird dadurch verstärkt, und dem Kunden fällt darum ein „Ja" zum Kauf leichter als ein „Nein". Voraussetzung: Das, was Sie anbieten, müssen Sie auch können.

6.3 Die dialektische Beweisführung

Die dialektische Beweisführung ist der Einsatz gesprächstechnischer Möglichkeiten. Sie ist Form und nicht Inhalt der Gespräche. Die Inhalte müssen Sie vorher definiert, abgegrenzt und gelernt haben. Sie müssen genau wissen,

* was der Kunde braucht (objektiver Bedarf),
* was der Kunde will (subjektiver Bedarf),
* welchen Nutzen Ihr Produkt dem Kunden bietet,
* welchen Nutzen Sie dem Kunden bieten,
* welche Nachteile Ihr Produkt belasten,
* welche Vor- und Nachteile Wettbewerber auszeichnen und belasten.

Die Kenntnis der Produktvorteile allein genügt nicht. Produkte können auch Vorteile haben, die einem Kunden keinen Nutzen bieten. Kunden können ein Produkt auch ablehnen, obwohl das Produkt ihnen Vorteile bietet, wenn beispielsweise ein objektiver Bedarf gegeben ist, dieser subjektiv aber nicht erkannt wird. Erst wenn Sie Ihre Inhalte „sattelfest" beherrschen, sollten Sie die dialektische Präsentation aufbereiten.

Der Additionsbeweis

Vereinzelt dargestellte Nutzenbelege wirken recht überzeugend, lassen aber auch eine nachteilige Nutzenabwägung zu. Gesprächspartner akzeptieren den Nutzen, setzen aber ein Negativum dagegen. Ein geschlossenes Nutzenpaket lässt separierte Nutzenabwägungen nur schwer zu. Der Gesamtnutzen (die Summe) wirkt darum überzeugender als ein Einzelnutzen.

Sicherlich birgt die Additionsmethode bei allen Vorteilen auch Gefahren. Wenn der Kunde einen Summanden nicht als Vorteil akzeptiert, müssen Sie die Addition sofort unterbrechen und zunächst diesen Einzelvorteil durchsetzen. Eine weitere Gefahr: Die Addition muss kurz und präzise formuliert sein, weil Sie sonst in einen ermüdenden Monolog verfallen.

Das folgende Schema verdeutlicht den Aufbau einer dialektischen Addition. Dieser Aufbau ist jederzeit auf alle Verkaufsprozesse umzusetzen, ganz gleich, ob es sich um Investitionsgüter, Dienstleistungen oder Konsumgüter handelt. *Die Summe muss immer lauten: Darum ist dies das richtige Produkt für Sie.*

Schema einer dialektischen Addition
Summand 1: Diese Bratpfanne ist oberflächenveredelt. Kristalle aus hartem Glimmerschiefer werden in das Metall eingeschmolzen. Das ergibt langlebige Antihaftwirkung, kein Ansetzen des Bratgutes.
+
Summand 2: Wegen des 15 mm starken Pfannenbodens ist ein Verziehen oder Wölben ausgeschlossen. Dadurch entsteht eine gleichmäßige Hitzeverteilung. Das bedeutet: gesundes, fettarmes Braten mit herrlicher Bräune.
+
Summand 3: Sie erhalten von uns fünf Jahre volle Garantie. Das bedeutet: Sie braten jahrelang und zuverlässig – ohne jedes Risiko.
+
Summand 4: Alle diese Vorteile erhalten Sie für 11,– € Mehrpreis gegenüber einer herkömmlichen Pfanne.
=
Summe: Und weil Sie sehr anspruchsvolle Gäste haben, halten und gewinnen wollen, brauchen Sie diese Pfanne.

Der Subtraktionsbeweis

Die Subtraktionsmethode wird zumeist nicht zu Beginn der Beweisführung eingesetzt. Sie ist überwiegend eine Reaktion auf das Kundenverhalten. Gegen Ende einer Beweisführung ist sie aber oft sehr wertvoll, etwa wenn eine Addition oder positive Einzelbeweise nicht die gewünschte Wirkung zeigen. Die Subtraktion soll die Nachteile bewusst machen, die der Kunde erleidet, wenn er ein bestimmtes Produkt oder eine Leistung *nicht* erhält.

Die Subtraktion birgt das Risiko möglicher Negativassoziationen. Deshalb sollten Sie nach der abgeschlossenen Subtraktion die positiven Nutzenargumente wiederholen, um die dargestellten Nachteile zu überlagern.

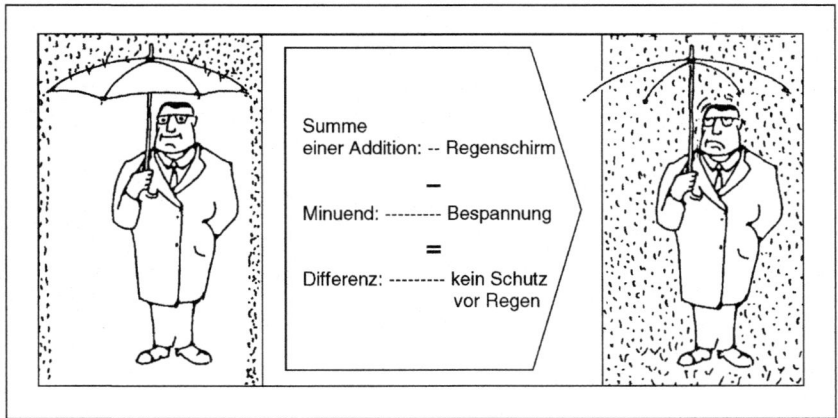

Abbildung 12: Beispiel eines Nachteils, den ein Kunde erleidet, wenn er eine bestimmte Leistung **nicht** erhält

Schema einer dialektischen Subtraktion	
Summe:	Dieses „Schutzpaket" sichert Sie und Ihre Familie rundherum ab und macht Ihre Zukunft sicher (Ende einer Addition). (Der Kunde nimmt nicht an: zu teuer!)
	−
Minuend:	Natürlich wird die Monatsprämie niedriger, wenn wir das Unfallrisiko herausnehmen.
	=
Differenz:	Dann verlieren Sie aber ganze 50 000 Euro im Falle eines Unfalls. Wollen Sie das?

Das Beispiel verdeutlicht die Wirkung der Subtraktion. Der Kunde erkennt, dass er einen gravierenden Nachteil erfährt, wenn er nicht versichert ist und in eine außergewöhnliche Situationen gerät. Diese Umkehrung der Addition ist auch psychologisch interessant: Vorteile sind nicht immer zwingend – aber Nachteile will man nicht „erleiden".

Tipp 82: Machen Sie die Nachteile bei Nichtkauf deutlich

Mit der Subtraktionsmethode können Sie die Beweisführung neu beginnen, ohne sich zu wiederholen. Wenn die Vorteile, die der Kunde mit dem Kauf erhält, ihn nicht überzeugt haben, ist das übliche Verkaufsgespräch beendet. Subtrahieren Sie nun und weisen Sie die Nachteile auf, die dem Kunden *ohne* die angebotene Leistung entstehen.

Die Multiplikation

Selbstverständlich können Ihre Gesprächspartner rechnen, manchmal finden sie aber nicht den rechnerischen Ansatz, der zum Abschluss führt. Deshalb sollten Sie den geeigneten Ansatz im Gespräch entwickeln. Die Multiplikation hilft immer dann, wenn Sie nur einen sehr kleinen Einzelvorteil anbieten können, der allein keine Auswirkung hat.

Schema einer dialektischen Multiplikation

Kunde:	Ich werde doch nicht wegen einer Verringerung der Aus-schussquote um lächerliche 0,5 Prozent meine „eingefahre-ne" Produktion umstellen!
	I
Faktor 1:	0,5 Prozent bedeuten, dass Sie Ihre Fertigungskosten um 4,20 Euro pro Stunde senken.
	×
Faktor 2:	16,8 Stunden täglich – und Sie sparen täglich 70,56 Euro
	×
Faktor 3:	Bei durchschnittlich 248 Arbeitstagen (kein Urlaubsausfall durch Wechselbesetzung)
	=
Produkt:	Das ergibt für Sie eine Kostensenkung und damit eine Er-tragsverbesserung (v.St.) von 17 498 Euro und 88 Cent allein in einem Rechnungsjahr.

Tipp 83: Multiplizieren Sie die Vorteile

Aus einem winzigen Vorteil können Sie durch Multiplikation mit Stück- oder Zeiteinheiten einen gravierenden Gesamtvorteil aufzeigen, der Ih-ren Gesprächspartner überzeugt.

Die Division in der Beweisführung

Mit der Division lassen sich scheinbar große Nachteile relativ klein darstellen.

Schema einer dialektischen Division	
Kunde:	Zusätzliche Kosten von 31 680,– Euro kann ich mir einfach nicht leisten.
	I
Dividend:	Sie erzielen einen Jahresumsatz von 14,4 Millionen Euro. Das sind 40 000 Geräte zum Werksabgabepreis von 360,– Euro. Also müssen wir rechnen: 31 680,– Euro Zusatzkosten
	:
Divisor:	40 000 Geräte
	=
Quotient:	Das ergibt eine Erhöhung des Werksabgabepreises von 79 Cent von 360,– Euro auf 360,79 Euro, und das können Sie im Markt doch durchsetzen.

Tipp 84: Dividieren Sie die Nachteile

Mit der Division können Sie scheinbar große Nachteile relativ klein erscheinen lassen und damit entkräften. Sie dividieren den Nachteilwert durch Stück oder Zeit. Dadurch lösen Sie scheinbar große Nachteile auf.

Syllogismen sind nicht zu widerlegen

Ein Syllogismus ist die logische (einzig mögliche) Schlussfolgerung auf der Basis von Voraussetzungen. Im Altertum verstand man unter Syllogismus den Schluss vom Allgemeinen auf das Spezielle. Dabei bestand ein Syllogismus aus drei Teilen, dem Major, dem Minor und dem Medius. Heute fassen wir den Begriff etwas weiter. Es muss nicht unbedingt der Schluss vom Allgemeinen auf das Spezielle sein, und ein Syllogismus kann auch aus mehr als drei Teilen bestehen.

Eine Behauptung steht im Raum und verlangt, geglaubt zu werden. Ein Syllogismus hingegen ist eine erkennbare Wahrheit. Er beweist sich selbst in Logik. Wer zum ersten und zweiten Satz „ja" gesagt hat, kann in logischer Ableitung zum dritten Satz nicht „nein" sagen.

Schema des Syllogismus	
Major:	*Sie* suchen für Ihr Niedrigenergiehaus Warmglas mit höchster Wärmedämmung.
Minor:	*Iplus 3X* hat weltweit die höchste Wärmedämmung aller Fensterglas-Produkte.
Medius:	*Sie* brauchen deshalb für Ihr Haus *Iplus 3X*.

Tipp 85: Argumentieren Sie unwiderlegbar

Syllogistische Konstruktionen sind nicht einfach. Prüfen Sie, welche Inhalte Sie bisher nur sehr schwer glaubhaft machen konnten, und formulieren Sie in einer ruhigen Stunde aus diesen Inhalten Syllogismen. Sie machen Ihre Argumentation unwiderlegbar, wenn Sie Ihre Thesen in Form von Syllogismen vortragen.

6.4 Einwände und ihre Behandlung

Viele Verkäufer haben Furcht vor Einwänden, weil sie die Überzeugungsarbeit erhöhen und sich als „Barriere" vor dem Verkaufserfolg aufbauen. Besondere Furcht verursachen „unbekannte" Einwände, weil ein Verkäufer noch nicht weiß, ob er einen Einwand, den er noch nicht kennt, auch aufarbeiten kann.

Tatsächlich aber sind Einwände durchaus wertvoll: Ohne Einwände könnten Sie keinen Überzeugungsprozess interaktiv durchführen. Verkaufsgespräche würden zu Präsentationen ohne Rückkopplung. Einwände „verraten" Ihnen, was der Kunde fühlt, denkt und ob er Ihren Überlegungen folgt. Sie zeigen, welche Widerstände sich im Kunden entwickeln und lassen erkennen, welche Details dem Kunden wichtig oder beiläufig erscheinen. Und das Beste: Die konfliktfreie Behandlung der Kundeneinwände führt Sie zum Abschluss oder zu einer harmonischen Weiterakquisition.

Einwände sind nicht unerschöpflich. Jeder erfahrene Verkäufer wird bestätigen, dass es etwa zwölf Einwände sind, die stereotyp erhoben werden. Nur sehr selten fällt einem Kunden ein „exotischer" Einwand ein, den man noch nie gehört hat.

Einwandbehandlung vorbereiten

Sie sollten über eine Einwandliste verfügen, die Sie allein oder besser im Kreise von Kollegen angelegt haben. Hier werden alle jemals vorgetragenen Einwände aufgelistet und mit Behandlungsstandards versehen. Vor dem „Rennen" haben Sie Zeit, in Ruhe abzuwägen. Zeit, die Sie im Face-to-face-Gespräch mit dem Kunden nicht haben.

Sie wissen, welche Firma Sie besuchen wollen, kennen die Branche, Unternehmensart und -größe. Sie wissen auch, welches Produkt Sie verkaufen wollen. Deshalb sollten Sie die wahrscheinlichen Gesprächswiderstände schon vorher aufarbeiten.

Einwandliste (Beispiel)

Nr.:   Produkt:

      . . . .

      Einwand:

      . . . .

      Dialekt. Ansatz:

      . . . .

      Behandlung:

      . . . .
      . . . .

Das Einwandmotiv

Kundeneinwände sind keineswegs immer echte, rationale, also sachbezogene Einwände. Vielfach formulieren Kunden auch emotionale, psychologisch erklärbare Einwände. Diese Einwände können bewusste Vorwände sein oder unbewusst der Befriedigung unterschiedlicher Bedürfnisse dienen. Eine zuverlässig erfolgreiche Einwandbehandlung ist deshalb nur möglich, wenn Sie das Einwandmotiv erkennen. Sie sollten den Kunden genau beobachten, sehr aufmerksam zuhören, sich in seine Situation versetzen und mit seinen Augen sehen (Empathie).

Motiv:	**Sachlicher Zweifel**
Merkmal:	Der Kunde hat nicht verstanden, hat falsch verstanden oder die angebotene Leistung deckt tatsächlich nicht seinen Bedarf.
Behandlung:	Freundlich, sachlich darauf eingehen, präzise nachfragen, partiell zustimmen und Vorteile gegen mögliche Nachteile stellen.

Motiv:	**Anerkennung**
Merkmal:	Der Kunde präsentiert mit dem Einwand Wissen oder Halbwissen und sucht Anerkennung (Befriedigung sozialer Bedürfnisse).
Behandlung:	Anerkennung gewähren: „Sie haben sich ja sehr umfangreich mit diesem Thema beschäftigt und selbstverständlich wissen Sie ...". Prämissen mit anderer Schlussfolgerung akzeptieren.

Motiv:	**Machtanspruch**
Merkmal:	Mit seinem Einwand sagt der Kunde nur: „Ich darf alles, ich habe die Macht." Zwischen den „Zeilen" hat er schon vorher seinen Einfluss und seine Bedeutung signalisiert.
Behandlung:	Das Verkäufer-Kunde-Verhältnis schnell in Gemeinsamkeit wandeln („Wir sollten einmal gemeinsam ..."). Macht bestätigen. Wenn möglich, die Produkte auch zum Machterhalt anbieten.

Motiv:	**Aggression ausleben**
Merkmal:	Der Kunde wählt verletzende Formulierungen: „Ihnen glaub' ich überhaupt nichts." Oder: „Da kommen Sie mit solchem Mist!"
Behandlung:	Aufmerksam zuhören, durch offene Fragen versachlichen: „Welche schlechten Erfahrungen haben Sie denn bisher mit uns gemacht?" Zuerst eine tragfähige Kooperationsbasis schaffen.

Motiv:	**Täuschung**
Merkmal:	Der Kunde hält sein wahres Motiv verdeckt und formuliert einen beliebigen Vorwand. Vielleicht kann er sich den Kauf nicht leisten, mag dies aber nicht zugeben.
Behandlung:	Angenommen-Test: „Angenommen, ich könnte Ihnen ..., würden Sie dann ...?" Mit offenen Fragen nachfassen: „Warum nehmen Sie an, dass ...?" Oder entwaffnende Offenheit. Freundlich, hinwendend lächeln: „Ich kann mir einfach nicht vorstellen, dass Sie nur deshalb auf das Produkt verzichten wollen. Was bewegt Sie wirklich?"

Motiv:	**Wettbewerbskontakt**
Merkmal:	Der Kunde unterhält gute Kontakte zu einem Ihrer Wettbewerber oder zu einem Ihrer Kollegen vom Wettbewerb.
Behandlung:	Die Vergleichbarkeit der Produkte und Preise widerlegen: „Was können wir da eigentlich vergleichen? Der Preis ist ja nur die eine Seite der Medaille. Für Sie ist entscheidend, dass ...!"

Die Instrumente der Einwandbehandlung

Der Angenommen-Test: Viele Einwände sind keine Einwände, sie sind Vorwände. Darum sollten Sie bei einem Kundeneinwand zunächst feststellen, ob es sich wirklich um einen Einwand handelt.

Beispiel:

Einleitung: „Gesetzt den Fall, dass ..."
Überleitung: „... würden Sie dann ..."
Abschluss: „... dieser Regelung zustimmen?"

Die Behandlung eines Einwands, der keiner ist, ist sinnlos. Der Kunde bringt dann nach Abschluss der Einwandbehandlung sofort einen neuen Vorwand. Wenn es sich um einen Vorwand handelt, wird er sinngemäß sagen: „Nein, auch dann nicht. Hinzu kommt ..."

> **Tipp 86: Verschaffen Sie sich Klarheit mit dem Angenommen-Test**
>
> Der Kunde bringt einen Einwand/Vorwand. Daraufhin stellen Sie eine Voraussetzungsfrage nach beschriebenem Muster. Wenn es sich tatsächlich um einen Einwand handelt, wird der Kunde zustimmen.

Die Klappe-zu-Technik: Mit dieser Technik verhindern Sie, dass ein Kunde jedes Mal, wenn ein Einwand aufgearbeitet ist, mit einem weiteren Einwand kommt. Sie begegnen mit der Klappe-zu-Technik einer oft endlosen Einwandkette. Die Ursache dieser Aneinanderreihung von Einwänden ist oft: Der Kunde erlebt Vorteile und Nachteile. Er kann sich noch nicht entscheiden. Deshalb sucht sein Gehirn verzweifelt nach Einwänden. Dabei helfen wir ihm und stellen ihm eine Suggestivfrage.

Beispiel:

Kunde: „Gut, Ihr Produkt ist schon recht interessant. Aber der Preis liegt viel zu hoch."

Verkäufer: „Der Preis ist sicher ein wichtiger Punkt. Wir sollten ihn nochmals aufgreifen. *Ich darf doch aber davon ausgehen, dass wir in allen anderen Punkten Einigung erzielt haben, nicht wahr?"*

Nun wird nur noch die Preisfrage aufgearbeitet und der Abschluss eingeleitet.

Tipp 87: Kürzen Sie ab mit der Klappe-zu-Technik

Mit der Klappe-zu-Technik begegnen Sie einer möglichen Einwandkette. Mit dieser Technik kürzen Sie den Prozess erheblich ab. Wenn der Kunde die Suggestivfrage bejaht, ist die „Klappe zu".

Fragetechnik: Einwände sind zunächst sehr einfach mit offenen Fragen zu kontern. Wir fragen, der Kunde wird antworten, und wir gewinnen Zeit, um über den Einwand und seine Behandlung nachzudenken. Hinzu kommt: Pauschal formulierte Einwände werden durch Fragen differenziert, und dabei ergeben sich neue Ansätze für die Argumentation.

Beispiel:

Einwand: „Wir brauchen das nicht. Wir haben nie derartige Produkte geführt.

Frage: „Gut, aber warum eigentlich nicht?"

Einwand: „Der Aufwand ist uns einfach zu hoch!"

Frage: „Welchen Aufwand meinen Sie?"

Tipp 88: Gewinnen Sie Einsicht und Zeit mit der Fragetechnik

Mit Fragen können Sie Einwände differenzieren und Anhaltspunkte für Ihre Argumentation gewinnen. Und Sie gewinnen Zeit, um die geeignete Einwandbehandlung zu entwickeln.

Die partielle Zustimmung: Wenn Sie genau hinhören, entdecken Sie, dass Menschen in privaten oder geschäftlichen Gesprächen ihre Gesprächspartner häufig verbal korrigieren. Sie arbeiten mit Korrekturvermerken, obgleich derartige Vermerke sachlich bedeutungslos sind und Menschen verletzen. Der Einsatz von Korrekturvermerken ist völlig unabhängig vom Alter oder Bildungsgrad. *Beispiel:* Zwei Vorstandsmitglieder in einer Besprechung: „Die Kostenentwicklung unserer Hauptläger in Spanien ist nicht mehr zu verantworten. Ich fürchte, wir müssen deshalb die Belieferung des spanischen Marktes einstellen!" Antwort: „Lieber Herr Kollege, *hier irren Sie aber gravierend.* Wir müssen unseren Absatz in Spanien um 15 Prozent steigern und können damit die Lagerkosten auffangen!"

Erfolgreiche Verkäufer arbeiten ohne Korrekturvermerke. Sie haben gelernt, dass ein Diskussionssieg über den Kunden zur Niederlage führt. Erfahrene Verkäufer bedienen sich der partiellen Zustimmung. Sie suchen sich aus der Kundenaussage einen Teilinhalt heraus, dem sie zustimmen können. Anschließend leiten sie auf die von ihnen gewünschte Lösung über. *Beispiel:*

Kunde: „Wir stehen derzeit unter so hohem Kostendruck, dass wir uns zusätzliche Kosten einfach nicht leisten können!"

Part. Zust.: „Wenn Sie unter hohem Kostendruck stehen, müssen Sie in der Tat sehr sorgfältig über zusätzliche Kosten nachdenken und werden vermutlich rationalisieren."

Abschluss: „Und genau dabei helfen Ihnen unsere Produkte. Sehen Sie, ..."

Tipp 89: Signalisieren Sie partielle Zustimmung

Vermeiden Sie unter allen Umständen Konflikte mit Kunden, die sehr leicht entstehen, wenn sich der Kunde missachtet, herabgesetzt oder widerlegt fühlt. Streitgespräche, die den Gesprächspartner daran hindern, seine sozialen Bedürfnisse zu befriedigen, führen nicht zum Verkaufserfolg. Korrekturvermerke sind sachlich wertlos. Deshalb können Sie darauf verzichten.

Die bedingte Zustimmung: Auch die bedingte Zustimmung erfüllt die Forderung nach konfliktfreier Verhandlungsführung. Hier geht es um die Zustimmung unter bestimmten Voraussetzungen. Die Gefahr der bedingten Zustimmung: Sie kann unter Umständen unverschämt klingen.

Einige Trainerkollegen setzen die bedingte Zustimmung mit der „Ja-aber-Technik" gleich, das heißt, dass unerwünschte oder fehlerhafte Kundenaussagen zunächst mit einem „Ja" quittiert werden, um Konfrontation zu vermeiden. Dieses „Ja" wird dann später wieder zurückgenommen. Ich teile diese Auffassung nicht, weil die bedingte Zustimmung die Zustimmung unter einer bestimmten Bedingung erfordert. *Beispiel:*

Kunde: „Auf Ihre Produkte kann ich durchaus verzichten."

Bed. Zust: „Sicher können Sie das. Aber ich kann mir einfach nicht vorstellen, dass Sie auf Mehrumsatz verzichten wollen!"

Abschluss: „Sehen Sie, unser Sortiment hat eine durchschnittliche Umschlaghäufigkeit von 180 p.a. Das bedeutet für Sie ..."

Selbstverständlich sind sich alle Fachleute einig, dass die alte „Ja-aber-Formulierung" sehr gefährlich und darum zu vermeiden ist. Nach vielen Jahrzehnten des Einsatzes weiß heute nahezu jeder Kunde, dass „Ja, aber" eigentlich „Nein" bedeutet. Deshalb empfehle ich, auf „Ja, aber" völlig zu verzichten.

> **Tipp 90: Die bedingte Zustimmung hat ihre Tücken**
>
> Achten Sie bei der bedingten Zustimmung darauf, das Sie die nachteilige Bedingung nicht ernsthaft unterstellen, und vermeiden Sie unter allen Umständen die Formulierung „Ja, aber ...".

6.5 Die Preisdiskussion

In allen Branchen begegnen wir ständig dem Argument „Sie sind zu teuer", „im Preis müssen Sie aber noch was tun" oder „diese Konditionen kommen natürlich für uns nicht in Frage". Je weniger es Ihnen gelingt, Ihr Unternehmen und Ihre Produkte im Wettbewerb zu profilieren, umso häufiger geraten Sie in schwierige Preisdiskussionen. Viele Kollegen beginnen nach und nach, an diese „Killerphrasen" zu glauben, wenn sie sie oft genug gehört haben. Sie unterliegen dann einer Suggestion und verlieren einen Teil ihrer Überzeugungskraft. Tatsächlich sind die meisten Kunden keine „Sadisten". Sie haben durchaus vernünftige Gründe, warum sie einen günstigeren Preis erwarten.

Warum Kunden Preise nicht akzeptieren

1. Kunden wollen möglichst viel qualifizierte Leistung erhalten und dafür möglichst wenig zahlen. Sie wollen günstig einkaufen, und das ist legitim.
2. Der Nutzen oder einzelne Teilnutzen der angebotenen Leistung erscheinen den Kunden gering, überflüssig, beiläufig oder sinnlos. Für ein Produkt, das sie nicht gebrauchen können, ist jeder Preis zu hoch.
3. Wir können unsere Leistung (Produkt und Nebenleistungen) gegenüber billigeren Wettbewerbsprodukten nicht profilieren. Wenn ein Produkt aber nicht intelligenter, wirtschaftlicher, leistungsfähiger, flexibler oder einfach besser ist als das billigere Wettbewerbsprodukt, dann handelt der Kunde nur vernünftig, wenn er den höheren Preis ablehnt.

4. Der Gesprächspartner handelt oft auf Weisung, wenn er beginnt, den Preis zu „drücken". Vielleicht hat der geschäftsführende Gesellschafter dem Leiter des Einkaufs gesagt: „Wir brauchen das Gerät. Aber ich verlasse mich auf Ihr Verhandlungsgeschick und erwarte, dass Sie für uns noch etwas herausholen!"

5. Der Kunde handelt aus Eitelkeit. Er sucht nach dem Beweis seiner überlegenen Verhandlungstechnik, und dieser Beweis ist der erzielte Nachlass.

6. Der Kunde versucht aus Gewohnheit, den Preis zu „drücken". Er handelt immer und bei jeder Gelegenheit, weil er gelernt hat, dass es sich meistens lohnt.

Die „Spielregeln" in der Preisdiskussion

Zunächst haben Sie sich mit Ihrer Bedarfsanalyse über den Kunden und sein berufliches Umfeld informiert. Wie arbeitet er, welche Materialien setzt er ein, welche Pläne hat er, welchen Sachzwängen ist er ausgesetzt? Nur wenn Sie genau informiert sind, können Sie den Preis relativieren. Darum darf die Preisdiskussion nie vor einer Bedarfsanalyse und der daran anschließenden Nutzendiskussion geführt werden.

Tipp 91: Führen Sie die Preisdiskussion immer nach der Bedarfsanalyse

Wenn der Kunde zu früh nach dem Preis fragt, antworten Sie: „Bitte, Herr Kunde, ich möchte Sie korrekt beraten. Deshalb sollten wir zunächst einmal über die besonderen Gegebenheiten Ihres Hauses, über Ihre Wünsche und Pläne sprechen, dann werden wir feststellen, was (Menge, Ausführung) für Sie zweckmäßig ist, und daraus ergibt sich dann der Preis."
(Keine Pause einlegen und sofort offene Fragen zum Bedarf stellen.)

Wenn der Kunde sagt, der Preis sei viel zu hoch, dann fragen Sie erstaunt: „Wieso zu hoch?" – Der Kunde muss dann erläutern, und Sie lenken das Gespräch auf den Nutzen. Wenn der Kunde auf die Frage „Wieso zu hoch?" erklärt „im Vergleich zum Wettbewerb", dann bestreiten Sie die Vergleichbarkeit der Produkte oder Leistungen und entwickeln eine zusätzliche Nutzendarstellung. Immer wenn der Kunde über die Höhe des Preises spricht, dann sprechen Sie über den Nutzen. Kunde: „Das ist aber ein stolzer Preis!" – Antwort: „Bedenken Sie aber bitte dabei, dass Sie mit diesem Produkt ...". Verbinden Sie die Preisabgabe immer mit Nutzendetails: „Also, wenn wir von dieser Leistung ausgehen, brauchen Sie die R24, und die kostet 24 000 Euro einschließlich der elektronischen Steuerung."

Tipp 92: Verstärken Sie Nutzenargumente

Immer wenn der Kunde über den Preis spricht, sprechen Sie über den Nutzen. Bestreiten Sie die Vergleichbarkeit mit Produkten und Leistungen Ihrer Wettbewerber und entwickeln Sie eine zusätzliche Nutzendarstellung.

Tipp 93: Argumentieren Sie betriebswirtschaftlich

Sehr oft ist der Nutzen besser mit Wirtschaftlichkeitsberechnungen als mit technischen „Delikatessen" zu vermitteln. Deshalb sollten Sie über betriebswirtschaftliche Ansätze, Kennzahlen und Daten verfügen. Beispiel: „Unsere gemeinsamen Berechnungen weisen aus, dass Sie mit der AHP Ihre Produktion um 22 Prozent steigern und dabei gleichzeitig die Personalkosten um 13 Prozent senken. Hinzu kommt, dass sich die Anlage bereits bei einer Auslastung von nur 27 Prozent selbst finanziert – und das ist doch ein Wort."

Tipp 94: Salesfolder für den „Weiterverkauf"

Viele Kunden müssen ihre Entscheidung, hochpreisig einzukaufen, im eigenen Hause rechtfertigen. Deshalb sollten Sie ihnen konkrete, wirksame Argumente und Drucksachen an die Hand geben, die ihnen den „Weiterverkauf" im Hause erleichtern. Die üblichen Verkaufsprospekte sind hierfür nicht ausreichend. Der psychologisch richtige Aufbau ist entscheidend. Er muss den Leser über Assoziationen von Stufe zu Stufe führen. Ich empfehle für die Anlage eines Salesfolders die ISABA-Formel (Tipp 74).

Tipp 95: Sie selbst sind Profilierungsfaktor

Kunden benötigen nicht nur Produkte. Sie suchen zuverlässige und qualifizierte Partner, die bereit und fähig sind, die anstehenden Probleme zu lösen. Hier bringen Sie sich als Profilierungsfaktor ein, steigern damit den Nutzen und lassen den Preis niedriger erscheinen. Sie ganz persönlich bieten einen erkennbar besseren Service als Ihre Mitwettbewerber. Damit „verkaufen" Sie größere Sicherheit, und die rechtfertigt auch einen höheren Preis.

Tipp 96: Streichen Sie „billig" aus Ihrem Wortschatz

Bei der Darstellung Ihrer Produkte, Leistungen und Preise verzichten Sie auf das Wort „billig". „Billig" ist doppeldeutig und abwertend. Ihre Produkte sind deshalb nie billig, sondern preiswert.

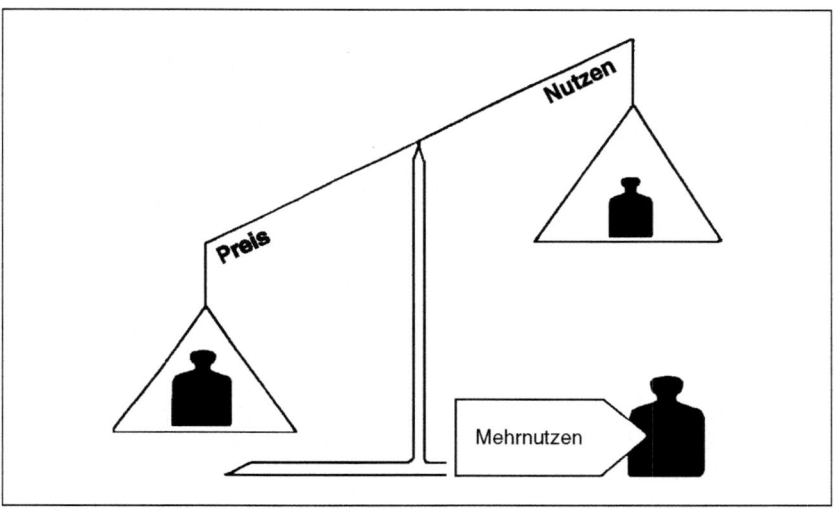

Abbildung 13: Der Preis wird „leichter", wenn der Nutzen „gewichtiger" wird

Wenn ein Kunde Nachlass fordert, unterstellt er bereits den Kauf. Das heißt, er hat sich entschlossen zu kaufen, versucht aber, den Preis zu drücken. Dieses Wissen stärkt Ihre Position. Viele Kunden versuchen grundsätzlich, Preisnachlässe auszuhandeln. Ihre Strategie, Nachlässe abzuwenden, richtet sich nach Ihren Produkten und Leistungen. Argumentationshilfe: „Wir haben nicht den Ehrgeiz, der billigste Anbieter im Markt zu sein (‚billig' hier bewusst verwenden): Unsere Strategie ist es, besser zu sein als andere."

Wenn Kunden Nachlässe fordern, gibt es eine Reihe von Möglichkeiten, wie Sie reagieren können. Sie können beispielsweise eine Referenzliste vorlegen, die dokumentiert, welche Firmen partnerschaftlich mit Ihnen zusammenarbeiten. Grundsätzlich sollten Sie Nachlässe ablehnen, dafür aber Zuatzleistungen anbieten – oder, wenn Sie Nachlass gewähren, Leistungen streichen beziehungsweise Gegenleistungen fordern. Eine interessante Möglichkeit ist auch ein mengenbezogenes System der Jahresrückvergütung. Die Jahresrückvergütung erfolgt, wenn die gekaufte Menge die vereinbarte Menge übersteigt.

Im Extremfall müssen Sie hart bleiben, bis der Kunde auf den Kauf verzichten will. Dann können Sie mit der Vertriebsleitung telefonieren und die Erlaubnis zum Teilnachlass einholen. Selbstverständlich vertreten Sie dabei deutlich die Position des Kunden. Wenn das alles nicht hilft, zeigen Sie Resignation und unterstellen Sie, dass der Kunde nicht kauft: „Schade, ich hätte gerade Sie gern als Kunden gewonnen."

> **Tipp 97: Gewähren Sie keine Preisnachlässe ohne Gegenleistung**
>
> Für jeden Nachlass, den der Kunde von Ihnen wünscht, fordern Sie eine Gegenleistung oder reduzieren Ihr Angebot um entsprechende Leistungsmerkmale.

6.6 Über Wettbewerber sprechen?

Alles wäre so einfach, wenn es die Wettbewerber nicht gäbe. Ständig werden Preise, Produkte und Serviceleistungen miteinander verglichen – und manchmal müssen wir auf einen Kunden verzichten, weil ein Wettbewerber günstiger erscheint.

Die Profilierung im Wettbewerb

Sie müssen sich im Wettbewerb profilieren können. Das erreichen Sie mit

- bedarfsgerechten, leistungsfähigen, „schlanken" Produkten,
- zuverlässiger und umfangreicher Beratung,
- hoher Spezialisierung und großer Erfahrung,

- Schnelligkeit, Termintreue und ausgezeichnetem Service,
- Standort- und Branchenvorteilen,
- erstklassigem Image.

Wem dies nicht gelingt, dem bleibt nur noch die Profilierung über Niedrigpreise – und das ist oft ruinös. Sie können auch höhere Preise verkaufen, wenn Sie sich deutlich profilieren. Darum: Analysieren Sie, welche Details Ihr Unternehmen im Vergleich zu Wettbewerbern besonders auszeichnen, welche Produkt- und Leistungsvorteile Sie zu bieten haben.

Tipp 98: Warum sollen Kunden ausgerechnet bei Ihnen kaufen?

Sie müssen jederzeit die gedachte oder gesprochene Frage des Kunden – „Gut, Sie haben mich überzeugt, dass ich diese Produkte brauche. Aber warum soll ich ausgerechnet bei Ihnen kaufen?" – beantworten können.

Der **Argumentekatalog** ist eine hervorragende Vorbereitung auf die mehr oder weniger offen gestellte Frage „Weshalb sollte ich ausgerechnet bei Ihnen kaufen?" und „Welchen Nutzen bietet mir dieses Produkt?" Jeder Verkäufer hat auch bestimmte Argumente parat. Aber sind diese Inhalte auch optimal formuliert? Nur sehr selten gelingt es, im Kundengespräch optimale Formulierungen zu entwickeln. Deshalb ist es zweckmäßig, vor den Kundengesprächen einen Argumentekatalog anzulegen. Die besten Ergebnisse sind meist in Diskussionen mit Kollegen zu erarbeiten.

Argumentekatalog		
Produkt/Objekt:		
Lfd. Nr.	Detail	Argument
. . . .	. . . .	. . . .
. . . .	. . . .	. . . .
. . . .	. . . .	. . . .

Keine Furcht vor Wettbewerbern

Wenn der Kunde erkennt, dass Sie sich vor einem Wettbewerber fürchten, muss er annehmen, dass dieser Wettbewerber Ihnen Schaden zufügt, und genau deshalb müsste dieser Wettbewerber für ihn interessant sein. Ein besonders deutliches *Beispiel*:

Kunde: „Weshalb sind Sie eigentlich so böse auf diese Gesellschaft?"

Verkäufer: „Die unterbieten mit ihren niedrigen Preisen den gesamten Markt!"

Sie sind sicher, dass Sie eine leistungsfähige Gesellschaft vertreten. Sie sind sicher, dass Ihre Produkte exakt auf den Bedarf des möglichen Kunden ausgerichtet ist. Sie sind sicher, dass Ihre Produkte und Leistungen ihren Preis wert sind – und Sie sind sicher, dass Sie Ihren möglichen Kunden richtig und redlich beraten. Deshalb haben Sie nicht die geringste Veranlassung, Furcht vor einem Wettbewerber zu haben. Darum: Sprechen Sie ohne Zwang nicht über Wettbewerber. Sprechen Sie über den Kunden, über seine Möglichkeiten und Absichten – und über Ihre Leistungen.

Wenn ein Kunde Sie zu Aussagen über Wettbewerber zwingt, dann gibt es drei Wege, das Problem zu behandeln. Hier einige *Beispiele:*

Tipp 99: Äußern Sie wegführende Anerkennung

„Jedes Unternehmen hat gewisse Schwerpunkte, und diese Firma hat sich stark auf XYZ (Leistungen, die für den Kunden uninteressant sind) konzentriert. Wir dagegen sind auf ABC (der Bedarf des Kunden) spezialisiert, und das ist für Sie sehr wichtig!" Hinweis: In der wegführenden Anerkennung muss Ihre Aussage wahr sein und darf den Wettbewerber nicht herabsetzen. Suchen Sie deshalb nach geeigneten Profilierungsdetails.

Tipp 100: Weisen Sie die Aufforderung freundlich zurück

„Ach, wissen Sie, es ist nicht mein Stil, über Wettbewerber zu sprechen. Reden wir lieber über Ihr Auslandsgeschäft!"

Tipp 101: Setzen Sie Ihren Wettbewerber humorvoll herab

„Es ist nicht meine Art, schlecht über Wettbewerber zu sprechen. Und, seien Sie mir nicht böse, was Gutes fällt mir nicht ein!" (Nur zulässig in heiterem Umfeld.)

Ermitteln Sie, welcher Weg Ihnen besonders liegt. Stellen Sie auch fest, in welcher Art und in welchen Zusammenhängen Sie von Kunden auf Wettbewerber angesprochen werden. Dann formulieren Sie einen Standardsatz, den Sie mühelos in Kundengesprächen einsetzen können.

6.7 Abschlusstechnik

Abschlusstechnik ist die verkaufspsychologisch fundierte Gesprächstechnik, die wir in der Schlussphase eines Verkaufsprozesses einsetzen. Eine derartige Gesprächstechnik setzt voraus, dass der Verkäufer den gesamten Verkaufs- und Überzeugungsprozess klar strukturiert, diese Struktur methodisch verfolgt und den Abschluss zielorientiert anstrebt.

Abschlusstechnik muss in den meisten Verkaufsprozessen bewusst eingesetzt werden, weil viele Gesprächspartner die Abschlussentscheidung auf unbestimmte Zeit hinauszögern. Obgleich eigentlich alles gesagt ist, muss man diese potenziellen Kunden noch mehrmals aufsuchen – und erzielt auch dabei oft nur ein unscharfes „Jein". Diese zusätzlichen Kosten sind betriebswirtschaftlich nur in Ausnahmefällen zu verantworten.

Deshalb: Wenn die Abschlussphase „eingeläutet" ist, müssen Sie den Abschlussdruck bewusst erhöhen, ohne dabei das inzwischen entwickelte Vertrauensverhältnis mit Ihrem Gesprächspartner zu gefährden. Und genau dies verlangt ein sehr sorgfältiges Vorgehen. Denn man scheut sich gelegentlich, den Abschluss erkennbar anzustreben, schon um die Beraterrolle nicht zu beschädigen. Deshalb hält man die „Tür" gern noch eine Weile offen und gibt Gesprächspartnern die Gelegenheit, mit „unbehandelten" Dritten zu sprechen, was die geleistete Überzeugungsarbeit durch Zeit zum „Abkühlen" abschwächt. Diese Vorgehensweise ist wenig effizient, ausgesprochen teuer und verkaufspsychologisch falsch. Die Zeit der gemütlichen, langen und oft abschweifenden Verkaufsplaudereien ist endgültig vorbei.

Tipp 102: Warten Sie nicht auf den Abschluss

Sehen Sie sich doch als Profitcenter: Mit Ihren Abschlüssen finanzieren Sie Ihre Beratungen – und sich selbst. Warten Sie nicht auf „magische" Zeichen. Bestimmen Sie den Zeitpunkt und streben Sie den Abschluss kraftvoll an.

Die häufigsten „Abschlussbremsen"

Angst vor dem Abschluss: Verkäufer fürchten, dass durch hohen Abschlussdruck das erarbeitete Vertrauensverhältnis gestört wird oder fürchten sich vor einem „Nein" des möglichen Kunden. Deshalb arbeiten sie zögerlich, schwach mit „Unterdruck". Früher hieß es im Verkaufstraining: „Vermeiden Sie unter allen Umständen ein ‚Nein' Ihres Gesprächspartners." Heute sehen wir das anders. Das beste ist ein „Ja". Aber besser als ein hinhaltendes „Jein" ist ein klares „Nein". Bei „Nein" können Sie mit der Fragetechnik weitermachen und erfahren, was Ihnen tatsächlich im Wege steht. Deshalb: Keine Angst. Was Sie sich zutrauen, können Sie.

Abkühlung: Überzeugungen schwächen sich mit der Zeit ab. Alltagsforderungen überlagern nach und nach den Kaufwunsch. Schließlich weiß der Kunde kaum noch, warum er kaufen wollte. Wir haben diesen Effekt doch alle schon selbst erlebt. Beispiel: Uns wird ein Bedürfnis bewusst, das durch den Kauf einer Kamera befriedigt werden kann. Der Wunsch nach einer Kamera wird stärker, je mehr wir uns mit dem Thema beschäftigen. Schließlich wird das Bedürfnis drängend. Dann aber müssen wir uns auf andere Anliegen konzentrieren – und nach drei Monaten meinen wir: „Ach, so wichtig ist eine Kamera auch nicht!"

Tipp 103: Verhindern Sie Abkühlung

Halten Sie die Zeitspanne zwischen der abgeschlossenen Überzeugungsarbeit und dem Verkaufsabschluss so kurz wie möglich. Vermeiden Sie, dass Ihre Überzeugungsarbeit verblasst, dass Ihre Wettbewerber „ernten", was Sie „gesät" haben und dass „unbehandelte" Dritte dem Kunden abraten.

Schwache Beobachtung: Verkäufer sind derart intensiv auf ihre Argumentation oder Selbstdarstellung konzentriert, dass sie die Beobachtung des Kunden vernachlässigen oder nicht genau zuhören. Auf diese

Weise erkennen sie nicht, dass der Kunde „reif" ist und abschließen will. Sie reden weiter und weiter, blenden alle gelernten Inhalte ein und machen dabei oftmals Bemerkungen, die sie um „Meilen" zurückwerfen, wenn der Kunde dabei Details entdeckt, die ihn verunsichern.

Falscher Gesprächspartner: In der Abschlussphase äußert Ihr Gesprächspartner: „Gut, aber ich kann das natürlich nicht allein entscheiden. Ich werde das Problem in der nächsten Einkaufskonferenz der Geschäftsführung vortragen." Dies bringt Sie in eine schwierige Lage: Jemand, der keine Ahnung von Überzeugungstechniken hat und Ihre Produkte nicht genau kennt, will sie in seinem Hause „weiterverkaufen". Deshalb ermitteln Sie bereits im telefonischen Vorgespräch oder in der Eröffnungsphase des Überzeugungsprozesses, wer Entscheidungsträger ist und wie der Entscheidungsprozess beim potenziellen Kunden organisiert ist. Fragen Sie zum Beispiel: „Sagen Sie, wie ist das in Ihrem Hause organisiert? Entscheiden Sie über den Einkauf allein oder wird das bei Ihnen kooperativ entschieden?" Die Antworten werden sehr aufschlussreich sein. In manchen Fällen ist es besser, einen neuen Termin zu vereinbaren, um alle (oder die tatsächlichen) Entscheidungsträger am Gespräch zu beteiligen.

Wie sich die Abschlussphase ankündigt

Im Regelfall sollten Sie nicht warten, bis sich die Abschlussphase ankündigt. Sie führen die Regie. Sie wissen jederzeit genau, wo Sie im Überzeugungsprozess stehen und leiten den Abschluss zum geeigneten Zeitpunkt aktiv ein. Dennoch, oft kündigt sich die Abschlussphase schon früher an, als man dies erwartet. Die folgenden neun Signale können (müssen aber nicht) die Abschlussphase einleiten.

1. Der Kunde stellt keine Fragen mehr und hört aufmerksam zu.

2. Der Kunde begründet sein Interesse an den Produkten.

3. Der Kunde beginnt die Preisdiskussion (nach der Nutzendiskussion).

4. Der Kunde zieht wichtige Dritte hinzu.

5. Der Kunde erteilt Weisungen zur Handhabung.

6. Der Kunde erörtert abschlussbezogene Vorbehalte.

7. Der Kunde erfragt Termine.

8. Der Kunde bespricht mit Ihnen Konkurrenzangebote.

9. Der Kunde verfällt in versonnene Passivität.

Abschlusshürden überwinden

Tipp 104: Machen Sie dem Kunden den Zeitpunkt der Entscheidung klar

Der Kunde nimmt an, dass Sie Ihre Darstellung und Argumentation noch weiterführen und erkennt nicht, dass der Augenblick der Entscheidung gekommen ist.

Behandlung: „So, Herr Kunde, ich glaube, damit wäre alles besprochen. Was wäre noch zu klären, bevor Sie sich entscheiden?"

Oder: „So, Herr Kunde, jetzt müssen wir lediglich noch über den den Liefertermin sprechen. Wann wollen wir unsere Zusammenarbeit beginnen? Soll es noch vor Weihnachten sein oder genügt Ihnen der 15. Januar?"

Tipp 105: Helfen Sie dem Kunden aus dem Entscheidungsnotstand

Der Kunde erlebt Kosten und Nutzen als gleichwertig und befindet sich deshalb im Entscheidungsnotstand. Sie erkennen diesen Entscheidungsnotstand an Aussagen des Kunden wie etwa: „Darüber muss ich in Ruhe noch nachdenken!", „Ich möchte noch einmal darüber schlafen." Greifen Sie die Nutzendarstellung nochmals auf. Gehen Sie auf die besonderen Gegebenheiten des Kunden, auf seine Wünsche und Pläne ein. Relativieren Sie die Kosten und stellen Sie den Nutzen noch einmal mit den verschiedenen Methoden dar.

Tipp 106: Holen Sie den Rat Dritter ein

Alle Einwände sind aufgearbeitet. Alles spricht für den Abschluss. Dennoch will der Kunde noch den Rat Dritter einholen. Vermutlich kennen Sie diese nicht und sie waren in den Überzeugungsprozess nicht einbezogen. Behandlung (Versuch der Steuerung): „Selbstverständlich können Sie noch weiteren Rat einholen. Ich kann Ihnen da einige Ihrer Branchenkollegen nennen, die mit uns schon zusammenarbeiten. Die verfügen bereits über Erfahrungen mit unserem Produkt."

Tipp 107: Lassen Sie den Kunden mit dem Gegenangebot nicht allein

Der Kunde ist überzeugt. Er will aber noch ein Gegenangebot einholen. Behandlung: „Ich bin von unserem Angebot überzeugt. Dennoch habe ich selbstverständlich nichts dagegen. Aber, was wollen Sie eigentlich vergleichen?" (Kunde: „Den Preis") „Das ist sehr schwierig, weil die Produkte sehr unterschiedlich sind." (Wenn der Kunde auf seinem Anliegen beharrt:) „Ich empfehle, Sie rufen mich an, wenn Sie das Angebot haben. Es gibt da nämlich verdeckte Ausführungs- und Qualitätsunterschiede. Gemeinsam können wir dann ja die Details prüfen." (Ausführung, Leistung, Nebenleistungen, Material und Ähnliches)

Was aber tun Sie, wenn der Gesprächspartner nicht entscheiden darf? Er erklärt Ihnen, er dürfe über die Auftragsvergabe nicht entscheiden, er wolle die Sache der Geschäftsführung vortragen. Zunächst einmal sollten Sie Ihren Gesprächspartner psychisch einbinden. Sagen Sie: „Gut, eine direkte Frage: Würden Sie sich für uns entscheiden, wenn Sie entscheiden dürften?" (Aufhebung der Neutralität) Dann: „Wann wollen Sie mit Ihrer Geschäftsführung darüber sprechen? Ich bin gern bereit, Ihnen dabei zu assistieren. Es könnten ja Fragen auftauchen, die wir noch nicht berührt haben?" Ersatzweise: „Wie viele Personen werden dabei sein? Ich bringe Ihnen dann rechtzeitig die entsprechende Anzahl unserer Präsentationsmappen und/oder Muster!"

117

7. Präsentationstechnik

Sie haben mit dem Geschäftsführer eines potenziellen Kunden einen Besuchstermin vereinbart und erwarten ein Verkaufsgespräch. Kaum sitzen Sie in seinem Büro, erfahren Sie, dass man von Ihnen eine Präsentation vor 20 Personen erwartet.

> **Tipp 108: Klären Sie vorab, ob es sich um ein Verkaufsgespräch oder eine Präsentation handelt**
>
> Ermitteln Sie bereits im telefonischen Vorgespräch, ob Ihr Gesprächspartner mit Ihnen allein sein wird oder ob weitere Personen am Gespräch teilnehmen werden. Wenn von Ihnen eine Präsentation erwartet wird, stellen Sie die Anzahl der Teilnehmer fest. Nur wenn Sie diese Informationen haben, können Sie sich optimal vorbereiten (Laptop, Beamer, Overheadprojektor, Folien, Flipchart, Muster und Drucksachen).

Diese kleinen, betriebsinternen Präsentationen erfordern nur einen recht geringen Aufwand. In Zukunft werden Sie aber zunehmend auch mit großen und vielleicht mit betriebsübergreifenden Präsentationen zu tun haben. Darum hier noch einige „professionelle" Hinweise und Empfehlungen.

7.1 Vortragsarten

Bei den Vortragsarten unterscheidet man zwischen Referat, Vortrag und Präsentation:

Das Referat ist eine Rede, die mit Informations- oder Lehrabsicht gehalten wird und sachliche Inhalte vermitteln soll. Dabei ist es unabdingbar, dass die objektiven Inhalte (präzise Schilderungen) nicht mit subjektiven Interpretationen gemischt werden.

Der Vortrag ist eine Rede, die überzeugen soll. Überzeugungen entstehen aus einer zweckmäßigen Mischung aus Emotion und Ratio. Deshalb ist die Meinung des Referenten mindestens von gleicher Bedeutung wie die sachlichen Inhalte, und sehr oft überwiegt die Interpretation. Eine Trennung zwischen Schilderung und Interpretation ist nicht erforderlich – und nicht gewollt. Im Gegenteil: Im Vortrag schaffen wir ein Klima persönlicher Hinwendung, operieren wir mit Witz und guter Laune – und erzielen damit eine beschwingte Interaktion.

Die Präsentation ist eine Vorstellung von Menschen, Firmen, Produkten, Ideen oder Absichten. Zumeist hat sie im Wechsel Referats- und Vortragscharakteristik, das heißt, der Referent stellt Fakten und Daten vor, um dann anschließend diese Inhalte zu interpretieren. Ziel der Präsentation ist es, Menschen von bestimmten Werten zu überzeugen und Handlungen auszulösen. Die Präsentation ist keine Rede; sie ist ein multimedialer, interaktiver Überzeugungsprozess. Die Präsentation verlangt, dass die Überzeugungsarbeit audiovisuell – und unter Einbeziehung der zu überzeugenden Gruppen in gemeinsamen Aktivitäten geleistet wird.

Tipp 109: Referieren und interpretieren

Richten Sie die Präsentationsteile, die der Vermittlung fachlich-sachlicher Inhalte dienen, streng an der Referatstechnik aus, weil sie rational aufgenommen, begriffen und verarbeitet werden sollen. Ablenkende, witzige oder überzeichnende Randbemerkungen würden diesen rationalen Lehrtransfer nur stören. Die jeweils daran anschließenden Interpretationen sollen dynamisieren, mitreißen und emotional überzeugen. Diese Interpretationsteile sind der richtige Rahmen für Selbstöffnung, Hinwendung, Humor und Überraschungen. Auf diese Weise werden Ihre Veranstaltungen zu Informationserlebnissen mit hohem Erinnerungswert.

7.2 Das Umfeld: Raum, Medien und Zeitrahmen

Den Raum, sein Format und seine Ausstattung können Sie selbstverständlich nur bei eigenen Veranstaltungen bestimmen. Wenn Sie als Referent in fremden Veranstaltungen oder in Firmen auftreten, haben Sie darauf nur wenig Einfluss.

Tipp 110: Raumgröße und -format

Die Raumgröße ist abhängig von der Personenanzahl und der Art der Bestuhlung. Wenn Sie sich für eine Bestuhlung in U-Form (mit Tischen) entscheiden, dann brauchen Sie ca. 4,0 m² pro Teilnehmer. Dabei ist der Referentenplatz mit ausreichender Bewegungsfreiheit und Raum für die Medien bereits berücksichtigt. Die U-Bestuhlung ist für intensive Diskussionen besonders geeignet, weil alle Teilnehmer auch untereinander Blickkontakt aufnehmen können.

Wenn Sie sich für eine Kinobestuhlung (ohne Tische) entscheiden, benötigen Sie pro Teilnehmer nur ca. 2,5 m² (Gänge, Referentenplatz und Bewegungsraum eingeschlossen). Diskussionen der Teilnehmer untereinander werden durch die Kinobestuhlung erheblich erschwert. Als Referent brauchen Sie ca. 9 m² für Ihren Tisch, für Ihre Geräte – und um sich bewegen zu können.

Tipp 111: Blickkontakt, Lichtführung

Achten Sie auch darauf, dass Ihr Blickkontakt mit allen Teilnehmern nicht durch Säulen, Nischen oder Erker behindert wird. Auch die Beleuchtung ist wichtig. Wenn Sie mit Tageslicht arbeiten, brauchen Sie Seitenlicht. Sie können nicht gegen das Licht wirken, und die Teilnehmer erleben Sie gegen das Licht nur als Silhouette. Wenn Sie mit Kunstlicht präsentieren, sollten Sie ausreichend beleuchtet sein. Prüfen Sie deshalb die Lichtstärke und die Lichtverteilung.

Tipp 112: Ruhe

In einem Tagungshotel kann die beste Präsentation zum Fehlschlag werden, wenn die Veranstaltung durch Bau- oder Straßenlärm, Musik oder die Hochzeitsfeier im Nebenraum gestört wird. Vergewissern Sie sich, dass Sie die Veranstaltung ungestört durchführen können. Für den Fall, dass die Präsentation in einem Tagungshotel stattfinden soll, machen Sie diese Forderung zum Gegenstand der Reservierung. Sorgen Sie dafür, dass Ihre Präsentation nicht durch den Service der Tagungsstätte gestört wird (Telefonbenachrichtigungen, Getränkeservice usw.). Für Service ist Zeit vor der Veranstaltung, nach der Präsentation und während der Pausen.

Der Einsatz von Medien steigert die Aufmerksamkeit, bringt Abwechslung in die Präsentation und trägt dazu bei, dass die Zuhörer Ihren Vortrag besser im Gedächtnis behalten. Dennoch sollten Sie auf

Informationsüberflutung verzichten und sich auf wenige, aber aussage-kräftige Visualisierungen konzentrieren.

Tipp 113: Medien in der Präsentation

Von Sonderpräsentationen abgesehen, brauchen Sie drei Medien: die Overheadprojektion, die Visualisierung mit Flipchart-Darstellungen und Drucksachen, die Sie aber erst zum Abschluss der Präsentation verteilen sollten, weil Sie sonst Ablenkungseffekte erzielen. Wenn Sie für Sonder-Präsentationen Videofilme oder DVD-Filme einsetzen wollen, ist ein LCD-Projektor zu empfehlen, der mit einer Lichtleistung von 1 100 Ansi-Lumen und XGA-Auflösung in den Aktenkoffer passt. Für die Darstellung von Dateien brauchen Sie einen Beamer.

Verlassen Sie sich nie darauf, dass Sie in den Veranstaltungsräumen funktionstüchtige Overheadprojektoren oder Beamer vorfinden. Oft sind keine vorhanden – oder sie sind defekt. Deshalb sollten Sie immer ein eigenes Gerät und ein Verlängerungskabel im Kofferraum haben.

Tipp 114: Setzen Sie zeitgemäße Präsentationstechnik ein

Overheadprojektoren und professionelle OH-Folien sind sicherlich noch nicht überholt, werden aber immer seltener eingesetzt. Für Verkaufspräsentationen ist ein Laptop mit einem Präsentationsprogramm, z. B. PowerPoint, kombiniert mit einem Beamer, besonders geeignet.

7.3 Rhetorik und Sprache in der Präsentation

Die größte Behinderung des Präsentators ist zumeist seine „Angst", vor Gruppen zu sprechen. Ich habe Vertriebsmitarbeiter kennen gelernt, die ohne Hemmungen aktiv und routiniert Verkaufsgespräche führen und dennoch vor Gruppen völlig „zusammenbrechen". Deshalb hier sechs Punkte, die Sie sich merken sollten, wenn Sie vor Gruppen zur Unsicherheit neigen. Benutzen Sie diese Texte zur Autosuggestion vor der Veranstaltung:

Tipp 115: Autosuggestion – Sicherheit

Ich kenne meine Präsentation und deren Struktur. Die Teilnehmer noch nicht. Ich bin besser vorbereitet als die Teilnehmer. **Deshalb bin ich sicher.**

Ich verstehe mehr von meinen Produkten und weiß mehr über die Vorteile, die ich meinen Kunden biete, als die Teilnehmer. Wenn dies nicht so wäre, wären sie nicht gekommen. **Deshalb bin ich sicher.**

Niemand ist gekommen, um mir eine Niederlage zu bereiten. Im Gegenteil. Wenn mir wirklich ein kleines Missgeschick unterläuft, finden sich immer Teilnehmer, die mir helfen. **Deshalb bin ich sicher.**

Bei der Begrüßung (vor der Präsentation) führe ich mit mehreren Leuten Gespräche. Die anderen sind dann keine Fremden mehr, und ich finde einen leichten Übergang zur Eröffnung. **Deshalb bin ich sicher.**

Je häufiger ich präsentiere, desto genauer weiß ich um die Reaktion der Teilnehmer. Schließlich weiß ich sogar, an welcher Stelle welche Zwischenfragen gestellt werden. Ich kann auch aggressive Fragesteller gelassen ansehen, weil ich schon lange weiß, wie ich antworten werde. Und, alles was ich perfekt kann, beherrsche ich ruhig und gelassen. **Deshalb bin ich sicher.**

Und selbst wenn wirklich etwas „schiefgehen" sollte, mache ich die große Kapitulationsgeste *(beide Arme hoch = ich ergebe mich),* lächle und sage: „Ich bin hochspezialisiert auf XYZ, weiß aber noch nicht alles über Präsentation. Sehen Sie's mir nach." Die Leute werden fröhlich reagieren. Es kann mir also gar nichts passieren. **Deshalb bin ich sicher.**

Voraussetzung für Ihre Rhetorik ist eine vernünftige Atmung. Zu flaches und darum häufiges Atmen wirkt aufgeregt, atemlos. Sie sollten jedoch Ruhe, Selbstbewusstsein und Stärke ausstrahlen. Zudem müssen Sie mit Ihrer Sprache den Ausdruck steuern, um Ihre inhaltlichen Aussagen zu stützen, also variieren zwischen laut und leise, zart und kraftvoll usw.

Tipp 116: Atmung ist die Basis der Rhetorik

- Atmen Sie bewusst.

- Verzichten Sie auf Schulteratmung, hier steht nur ein kleiner Raum zur Verfügung, und die Teilnehmer sehen Ihre Atmung.

- Kombinieren Sie Brust- und Bauchatmung, das heißt, dehnen Sie Ihr Lungenvolumen in Richtung Bauch aus. Dabei entsteht ein großer, zusätzlicher Raum.

- Verbrauchen Sie beim Sprechen nur ca. 90 Prozent Ihrer Luft. Vielleicht brauchen Sie gerade in den letzten Sekunden vor dem nächsten Atemzug noch Kraft für besonderen Ausdruck.

- Atmen Sie gleichzeitig durch Mund und Nase ein. Damit füllen Sie Ihre Lungen schneller.

- Nutzen Sie erkennbar begründete Sprechpausen (beim Folienauflegen, beim Schreiben am Flipchart, beim Zuhören), um mit Kraft restlos auszuatmen.

Tipp 117: Nutzen Sie Reizwörter und Spannungspausen

Sprechen Sie nicht pausenlos. Die Teilnehmer brauchen ohnehin Zeit, um über das nachzudenken, was Sie vorgedacht haben. Machen Sie Kurzpausen nach so genannten Reizwörtern („weil ...", „aber ...", „deshalb ..."). Reizwörter, ausgesprochen mit „erhobener" Stimmlage, kündigen an und erhöhen damit die Spannung. Nutzen Sie diese Planpausen zum bewussten Atmen.

In der Präsentation müssen Sie stimmlich durchaus bis zu acht Meter überbrücken, und es genügt nicht, dass Sie gerade eben noch verstanden werden. Deshalb müssen Sie lauter sprechen als normal und auch Ihre sprachliche Modulation muss erlebbar sein. Hinzu kommt: Viele Leute sind mehr oder weniger schwerhörig, manche ohne es zu wissen.

Tipp 118: Machen Sie einen Lautstärke-Test

Suchen Sie sich einen normal möblierten Raum, zum Beispiel ein Büro, und bitten Sie einige Kollegen, sich in etwa sechs bis neun Meter Entfernung hinzusetzen (leere Räume schallen). Dann lesen Sie irgendeinen Text und bitten um Beurteilung der Lautstärke.

Wenn Sie zu langsam sprechen, zweifeln die Teilnehmer an Ihrer Denk-Sprech-Synchronisation, an Ihrer Präsentationserfahrung oder beginnen sich schnell zu langweilen. Wenn Sie zu schnell sprechen, werden die Teilnehmer nicht alle Inhalte aufnehmen und verarbeiten können, und Sie haben kaum noch die Möglichkeit, Inhalte durch schnelleres Sprechen zu gewichten. Menschen können nicht gleichzeitig vordenken, senden, empfangen und nachdenken. Wenn Sie zu schnell sprechen, dann sind Sie bereits dabei, eine neue Botschaft zu senden, während die Teilnehmer noch die alte Botschaft verarbeiten. Auch wenn es oft nur um Bruchteile von Sekunden geht: Ein Teil der neuen Botschaft geht verloren.

Tipp 119: Regulieren Sie Ihre Sprechgeschwindigkeit

Wählen Sie eine für Sie mittlere Sprechgeschwindigkeit. Sie können dann je nach Aufgabe die Sprechgeschwindigkeit erhöhen oder verlangsamen. Zum Ende eines Teilinhaltes sollten Sie langsamer und lauter sprechen. Damit geben Sie dem Inhalt Gewicht, und Langsamdenker haben die Chance nachzukommen. Legen Sie nach Abschluss eines Teilinhalts eine Bedeutungspause von etwa zwei bis drei Sekunden ein.

Mit Bedeutungspausen erkennen Sie an der Mimik der Teilnehmer, ob der Inhalt in Ihrem Sinne verarbeitet wurde und ob Zustimmung, Ablehnung oder Unverständnis vorliegt. So erfahren Sie, ob Sie das Thema vertiefend weiter bearbeiten müssen oder ob Sie das nächste Thema aufgreifen können. Nach dieser Bedeutungspause haben Sie auch die Chance der Interaktion. Sie können fragen und Bestätigungsantworten abfordern oder geben den Teilnehmern Gelegenheit, Fragen zu stellen.

Tipp 120: Steuern Sie mit Ausdrucksfarben Emotionen

Durch die Ausdrucksfarbe (Klangfarbe) wird jede Rede stärker als das geschriebene Wort, weil Sie das rational nüchterne Wort mit der Ausdrucksfarbe emotional erlebbar machen. Ausdrucksfarben können bestimmend, fragend, freudig, bedauernd oder auch mürrisch sein.

Tipp 121: Dynamisieren Sie mit Betonung

Heben Sie einzelne Wörter durch starke Betonung heraus. Damit verdeutlichen Sie die Schwerpunkte Ihrer Aussagen, machen sie verständlich und wecken die Aufmerksamkeit der Teilnehmer.

Hier ein *Beispiel:* Bitte lesen Sie den anschließenden Text laut und betonen Sie die fettgedruckten Wörter.

Ich *bin sicher, dass er kommt.*
Ich **bin** *sicher, dass er kommt.*
Ich bin **sicher,** *dass er kommt.*
Ich bin sicher, **dass** *er kommt.*
Ich bin sicher, dass **er** *kommt.*
Ich bin sicher, dass er **kommt.**

Tipp 122: Artikulieren Sie reine Vokale

Die unterschiedlichen Vokale und Umlaute verlangen unterschiedliche Lippenformungen:

A, Ä, Au	=	Ovalstellung
E, I, Ei, Ai	=	Lippenbreitung
O, Ö, U, Ü, E	=	Lippenrundung

Probieren Sie es selbst: Wenn Sie bei der Aussprache der Vokale die Lippenformung nicht oder kaum verändern, können Sie Vokale nicht rein sprechen.

Tipp 123: Sprechen Sie scharfe Konsonanten

Die so genannte Wortplastik verlangt es, dass wir Konsonanten in voller Schärfe entwickeln. Nur wenn zur Reinheit der Vokale die Schärfe der Konsonanten kommt, entsteht eine klare und präzise Aussprache. Unterscheiden Sie deutlich zwischen d/t, m/n, k/g, p/b, f/w.

Tipp 124: Machen Sie die folgende Sprechübung

Stellen Sie sich vor einen Spiegel und üben Sie, die Vokale mit den angegebenen Lippenformungen (Tipp 122) und die Konsonanten weich oder hart (Tipp 123) zu sprechen. Sie werden dabei erkennen, dass Sie sich im Lauf der Jahre auch Lippenformungen und Lautbildungen angewöhnt haben, die nicht zu den Lauten passen. Verzweifeln Sie nicht beim ersten Versuch. Übung macht den Meister.

Früher vertraten Rhetoriker den Standpunkt, ein guter Redner müsse, wenn er sich der deutschen Sprache bediene, unbedingt Hochdeutsch sprechen. Heute möchte man einen Bayern, Hamburger oder Kölner auch an seiner regionalen Sprachfärbung erkennen. Jede Sprachfärbung hat auch ihren Charme, wenn und soweit ihre Interpreten über Charme verfügen. Entscheidend ist die Verständlichkeit. Schwer verständliche oder unverständliche Regionaldialekte sind jedoch für überregionale Präsentationen ungeeignet.

Verwenden Sie Standards in Ihren Präsentationen. Standards sind treffsichere, gut formulierte Konservationssätze, die Sie bei allen Präsentationen einsetzen können.

Rhetorische Standards

Anredestandards:
- „Meine Damen, meine Herren, ..."
- „Meine Damen und Herren, ..."
- „Meine sehr verehrten Damen, meine Herren, ..."

Begrüßungsstandards:
- „... ich begrüße Sie hier in ..."
- „... ich begrüße Sie hier im Hause der ..."
- „... ich begrüße Sie zu unserer heutigen Abendveranstaltung ..."
- „... willkommen zu unserer Abendveranstaltung ..."

Überleitung:
- „... und/ich freue mich, ..."
- „... dass unser Thema so reges Interesse gefunden hat."
- „... dass Sie mir Gelegenheit geben, mit Ihnen ..."
- „... dass ich Gelegenheit habe, ..."

Zielsetzungsstandards:
- „Das Thema heute Abend ist ..."
- „Wir wollen uns heute Abend ..."
- „Eine Aufgabe ist es, Ihnen heute ..."

Abschlussstandards:
- „Ich wünsche Ihnen, dass es Ihnen gelingt, die Zukunft Ihrer Unternehmen zu sichern."
- „Ich wünsche uns allen, dass uns unsere Zusammenarbeit schon bald neue, wertvolle Chancen eröffnet."

Anhang:

* „Ich danke Ihnen."
* „Vielen Dank für Ihre Aufmerksamkeit."

Tipp 125: Legen Sie sich eine Reihe von Standards zurecht

Standards fallen uns zumeist nicht während der Veranstaltung ein. Sie sollten vor dem Einsatz bereits „griffbereit" vorliegen.

7.4 Nonverbale Signale

Tipp 126: Zeigen Sie Selbstbewusstsein und Stärke

Sie sollten nicht gebeugt oder zusammengesunken auftreten. Sie haben eine Botschaft und sind von dieser Botschaft überzeugt. Sie haben das Wissen und die Kraft, Menschen etwas zu geben. Dokumentieren Sie dies durch eine aufrechte Haltung, einen gehobenen Kopf, durch freundliche, hinwendende Mimik und durch ruhige Bewegungen.

Die nachstehend dargestellten Signale erheben keinen Anspruch auf Vollständigkeit. Sie sind als Beispiele zu verstehen.

1. Kontraposition
Position des Gegeneinander. Partner sind aufeinander ausgerichtet. Position der meisten Kampfsportarten. Kaum ein Miteinander möglich. Sehr ungünstig für Partnerschaft.

2. Diagonalposition
Neutrale Position mit halber Hinwendung. Ein Gegeneinander ist kaum möglich. Empfehlenswerte Position.

3. „Kalte Schulter" zeigen

Abwendung, kein Interesse. Der Partner signalisiert den „Abbruch" des Gesprächs. Hilfreich sind ein Themenwechsel oder eine offene Frage, um den Gesprächspartner wieder zu aktivieren.

4. Aufrecht, gestreckt

Willensbetont, Bereitschaft, sich durchzusetzen. Stärke, Entscheidungsbereitschaft. Nur recht selten: Überkompensation. Gute Voraussetzungen für einen Abschluss.

5. Gebeugt, zusammengesunken

Schwach, sorgenvoll, wenig Durchsetzung. Kann aber gerade deshalb plötzlich sehr aggressiv werden. Druck nur langsam verstärken und genau beobachten.

6. Zurücklehnen

Kein Engagement, wenig Interesse, keine Neugier, keine Wünsche (bezogen auf das Thema). Herausbekommen, was ihn bewegt und interessiert.

7. Vorbeugen
Interesse, aktive Kommunikation,
Engagement. Aktivität für oder gegen
den Verkäufer. Spannung halten und
Fragen stellen.

8. In Unterlagen blättern
Ist uninteressiert oder beschäftigt sich
bereits mit anderen Problemstellungen:
Sehr ungünstig für den Verkäufer.
Abhilfe: Themenwechsel und Interaktion
verstärken.

9. Breites Lachen
Echte Erheiterung ohne
Zurückhaltung, bezieht
sich auf die Situation,
bedeutet noch keine
stabile Hinwendung (z.B.
Reaktion auf einen Witz).

**10. Geschlossenes
Lachen**
Freundliche Hinwendung
mit Akzeptanz. Sehr gute
Situation, operatives Vor-
gehen nicht verändern.

**11. „Rechteckiges"
Lachen**
Vorgetäuschtes Lachen.
Nur die Mundpartie
spannt sich. Die Augen
machen nicht mit. Be-
wusst gesteuerte Lachmi-
mik. Vorsicht ist geboten.

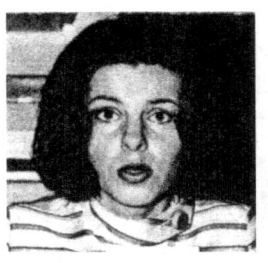  

**12. Augenbrauen geho-
ben, Mund geöffnet**
Mimik des Erstaunens,
der Überraschung.
Signalisiert Interaktion,
Teilnahme.

**13. Kopf seitlich, Mund
leicht geöffnet**
Skepsis, Ungläubigkeit:
„Na, und das soll ich
Ihnen abnehmen?" – Nicht
mit Behauptungen arbei-
ten, besser mit logischen
Ableitungen.

**14. Kopf und Augen-
brauen gesenkt**
Agressionsmimik, signali-
siert Unwillen und Angriff
(die Ursache ermitteln und
Vorgehen ändern).

**15. Ausgestreckter
Zeigefinger**
„Pistolengeste", gewaltbe-
reite Aufforderung, Befehl.
Mehr Hinwendung deut-
lich machen, Partnerschaft
betonen.

**16. Erhobener
Zeigefinger**
(Auch „Oberlehrergeste")
Warnung: „Ich werde Sie
zur Rechenschaft ziehen,
wenn ...!"

**17. Handfläche zum
Gesprächspartner**
Abwehrgeste: „Das
kommt für uns überhaupt
nicht in Frage!" Behand-
lung: Vorschlag modifizie-
ren, Einsatz der partiellen
Zustimmung.

18. Handflächen nach oben

Aufforderungsgeste:
„Bitte, lassen Sie hören!"
Oder: „Machen Sie mir
doch ein Angebot!"

19. Handfläche nach unten

Besänftigungsgeste: „Na,
so schlimm ist das nun
auch wieder nicht!" Oder:
„Damit wollte ich Sie
gewiss nicht kränken!"

20. Hände abgewinkelt, Handflächen oben

Die kleine Kapitulations-
geste: „Was soll ich denn
machen? – Ihr Produkt ist
für uns durchaus interes-
sant. Aber unser Budget
für dieses Jahr ist
erschöpft!"

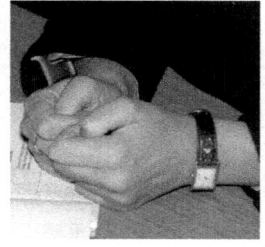

21. Zeigefinger auf Daumen

Die übrigen Finger nach
oben = Feinpointierung:
„Ich glaube, wir müssen
das etwas differenzierter
sehen!"

22. Versteckte Daumen

Der Daumen als Symbol
der Ich-Organisation.
Der versteckte Daumen =
das versteckte Ich:
Furcht, Verunsicherung.

23. Hand vor den Lippen

Zurückhalten einer
vorschnellen, vielleicht
gefährlichen Äußerung.

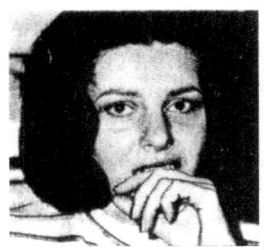  

24. Knöchelkauen
Suche nach Auflösung einer Stress-Situation. Analog: Mutterbrust, Babyschnuller, zerkaute Bleistifte in der Schule.

25. Hände in den Hüften
Geste der Bereitschaft. Der Kurzstreckenläufer am Start, der Mitarbeiter vor dem Chef: „Wohin soll die Kiste, Chef?"

26. Die Doppelpistole
Deutung sehr unterschiedlich. Je nach Gesprächsinhalt: Warnung, Befehl, Verteidigung, Drohung. In keinem Fall Kooperation.

27. Das Stachelschwein
Nachdenkliche Abwehrgeste. Oft Zeichen für einen bereits eingeleiteten Entscheidungsprozess.

28. Hände zusammengeführt
Konzentrationsgeste. Nahezu in allen Religionen: Wenn Menschen sich zum Beispiel im Gebet konzentrieren, führen sie die Hände aufeinander zu.

132

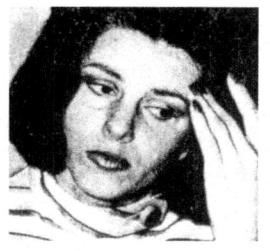

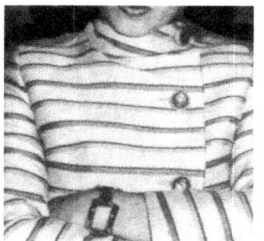

29. Stirnreiben
Nachdenklichkeit. Mehr
Zustimmung als Wider-
stand: „Ich glaube, das
wäre sehr zweckmäßig für
uns!"

30. Nasereiben
Skeptische Nachdenklich-
keit. Mehr Ungläubigkeit
als Zustimmung,
besonders bei leicht
abgewandtem Kopf.

31. Arme verschränkt
„Mauerbau", sich zurück-
ziehen, nichts an sich
herankommen lassen, Ver-
unsicherung oder Suche
nach Distanz (so kann
man niemanden in die
Arme nehmen).

**32. Abzählen, beginnend
mit Daumen**
Sicherheit, Geradlinigkeit,
manchmal auch Primitivität.
Machertypus, duldet keinen
Widerspruch.

**33. Abzählen, beginnend
mit kleinem Finger**
Sorgfalt, Vorsicht, manchmal auch Pedanterie, kaum
Spontanität.

34. Finger im Kragen
Beengungsgeste, die aus-
sagt: „Ich fühle mich ein-
geengt, ich, brauche Luft"
(im übertragenen Sinne).

133

35. Ohrläppchen streicheln
Unschlüssigkeit: „Ich brauche mehr
Information!" „Was ist zu tun?
Einerseits ..., aber andererseits ...!".
„Ich brauche mehr Einsicht in die
Zusammenhänge!"

36. Abgespreizter kleiner Finger
Der unbewusste Versuch, feine
Lebensart zu signalisieren. Der zarte
Griff soll abheben vom bäuerlich
derben Zupacken.

37. Hände vor dem Gesicht
Aber die Augen beobachten: Die Lauer-
position. Der Gesprächspartner wartet
auf den Augenblick seiner Chance.
Wenn der gekommen ist, kommt er aus
seiner „Höhle".

38. Hand auf die Brust legen
Die Wahrheitsbeteuerung, zumeist vor-
getäuschte Wahrheit: „Also, auf mich
können Sie sich verlassen, Hand aufs
Herz!"

134

39. Lascher Händedruck
Signalisiert in Deutschland (sehr oft zu Unrecht): Willensschwäche, Kraftlosigkeit, Labilität.

40. Doppelter Händedruck
Zuneigungsgeste, soll Herzlichkeit signalisieren: „Wir sind Freunde. Wie schön, Sie zu sehen!" Wird häufig bewusst täuschend eingesetzt.

41. Arme hinter dem Kopf verschränkt
Verzicht auf Förmlichkeit. Häufig mit der Aussage, „Ich darf das. Ich bin hier der Chef – und dies ist mein Revier!"

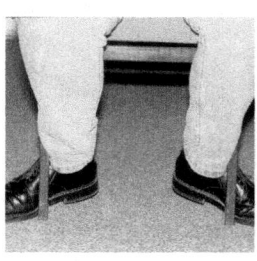  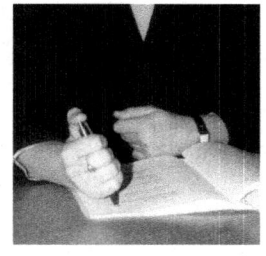

42. Füße um Stuhlbeine geschlagen
Unsicherheitsgeste: Der Versuch, sich irgendwo festzuhalten, festzuklammern.

43. Das hohe Knie
Oft vorgetäusche Entspannung, Demonstration „coolen" Verhaltens. Verletzt die Reviergrenzen des Gesprächspartners.

44. Kugelschreiberknipsen
Unruhe, Ungeduld: „Das kenne ich längst, das ist nicht neu. Kommen Sie endlich zur Sache!"

135

 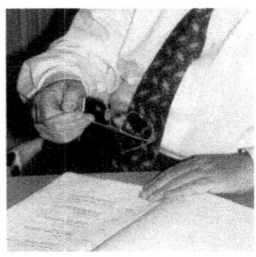 

45. Unmotiviertes Brilleputzen
Versuch, Zeit zu gewinnen. Der Gesprächspartner verzögert damit seine Aussage.

46. Brille werfen
Signalisiert den Augenblick der Entscheidung: „Gut, wir machen das!" Oder: „Nein, das kommt für uns nicht in Frage!"

47. Mit Stift zeigen
Ersatz für den ausgestreckten Zeigefinger. Autoritäres Befehlssignal.

48. Der Krawattengriff
Signal für gesellschaftlich formelles Verhalten. Versuch vorteilhafter Selbstdarstellung.

49. Jackett schließen bei der Begrüßung
Signal: Jetzt wird es förmlich. Die Entwicklung von Gemeinsamkeit wird erschwert.

50. Jackett öffnen bei der Begrüßung
Signal: Lockere und entspannte Situation. Beschleunigt die Kontaktentwicklung.

Tipp 127: Signalisieren Sie Dynamik

Um beweglich zu sein, sollten Sie nicht sitzen, sondern stehen und Ihren Standort von Zeit zu Zeit wechseln.

Standortwechsel heißt: Die Entfernung zu den Teilnehmern um ein bis zwei Schritte verkürzen und wieder verlängern. Oder Sie bewegen sich zwei langsame Schritte nach links oder rechts. Mit dem Seitenwechsel können Sie den Blickkontakt mit den nun sehr nahen Teilnehmern besonders verstärken. Halten Sie wechselnden Blickkontakt mit allen Teilnehmern. Wechseln Sie den Blickkontakt nicht mitten im Satz. Und drehen Sie nie den Teilnehmern den Rücken zu. Wenn Sie aus der Tiefe des Raums zur Präsentationsebene zurückkehren, gehen Sie langsam rückwärts. Wenn Sie am Flipchart schreiben, schreiben Sie seitlich.

Tipp 128: Senden Sie bewusst Signale

Beobachten und registrieren Sie nicht nur die Signale Ihrer Gesprächspartner. „Senden" Sie auch selber bewusst Signale. So können zu Beispiel die Signale 2, 4, 7, 9, 10, 19 oder 50 sehr positive Auswirkungen haben. Dagegen sind Signale wie 1, 3, 5, 13, 15 oder 24 oft „tödlich".

Tipp 129: Achten Sie auf Ihre Hände

- Stecken Sie die Hände nicht in die Taschen. Sie würden damit saloppe Respektlosigkeit signalisieren. Verstecken Sie Ihre Hände nicht; Sie brauchen sie, um bestimmte Inhalte zu verstärken.

- Ballen Sie Ihre Hände nur zu Fäusten, wenn Sie entschiedene Willenskraft signalisieren wollen, und seien Sie sparsam mit dieser Geste. Sie wirkt zwar entschlossen, aber auch brutal.

- Wenn Sie Sicherheit demonstrieren wollen, legen Sie die Fingerspitzen Ihrer Hände gegeneinander. Die Oberarme liegen dabei am Körper an. In nahezu allen Religionen der Welt bedeutet das „kraftschlussbildende" Zusammenführen beider Hände Konzentration und Sicherheit.

- Berühren Sie möglichst nicht Ihr Gesicht mit den Händen. Die Hand am Mund signalisiert Unsicherheit, Stress.

- Bei Ich- oder Wir-Betonungen führen Sie eine Hand oder beide Hände auf Ihren Körper zu.

- Vermeiden Sie den erhobenen Zeigefinger (Drohgeste) und den auf die Teilnehmer gerichteten Zeigefinger (Pistolengeste). Beide Gesten werden oft negativ bewertet.

Tipp 130: Machen Sie aussagekräftige Gesten mit den Armen

Lassen Sie Ihre Arme nicht wie „abgestorben" am Körper herunterhängen. Sie ziehen dann wie Bleigewichte an Ihren Schultern und nehmen Ihnen Luft. Eine gute Haltung: der linke Arm angewinkelt, die linke Hand leicht geöffnet, der rechte Arm angewinkelt und die rechte Hand zur lockeren Faust gebogen in die linke Hand legen (mit den Fingernägeln nach unten). Diese Haltung lösen Sie dann von Zeit zu Zeit mit „kleiner Gestik" (ab Ellbogen) auf. Bei der „kleinen Geste" bewegen Sie die Unterarme. Die Oberarme liegen am Körper an. Nur wenn Sie entscheidende Kernaussagen verstärken wollen, setzen Sie die „große Geste" ein und aktivieren auch die Oberarme. Jede bejahende Geste führen Sie mit einem Arm oder beiden Armen nach oben aus; jede verneinende Geste nach unten oder vom Körper weg.

Tipp 131: Hüten Sie sich vor übertriebener Mimik

Ihre Mimik sollten Sie nur sehr bedingt steuern, damit sie echt bleibt. Bei bewussten Eingriffen können sehr leicht Grimassen entstehen. Dennoch, auch wenn Sie sich unsicher oder aufgeregt fühlen: Verfallen Sie nicht in Erstarrung. Zwingen Sie sich zu einer freundlichen Miene. Lächeln Sie nicht stereotyp, aber als Ausdruck einer Grundhaltung. Eine chinesische Weisheit besagt: „Wer nicht lächeln kann, sollte keinen Laden aufmachen."

Tipp 132: Beobachten Sie die Teilnehmer

Der wechselnde Verlauf der Gruppendynamik verlangt Anpassung – ebenso wie das Autofahren im Straßenverkehr. Beobachten Sie deshalb die Teilnehmer genau, und reagieren Sie auch auf ihre körperlichen Signale:

Signal: Angedeutetes Kopfschütteln, Arme verschränken = Zweifel, Verneinung.

Reaktion: Direkte Frage an den Teilnehmer: „Herr X, wie beurteilen *Sie* diese Entwicklung?"

Signal: Zurücklehnen, aus dem Fenster sehen, in Unterlagen blättern = Desinteresse, Langeweile.

Reaktion: Mehr Dynamik durch gesteigerte Lautstärke, höhere Sprechgeschwindigkeit, nächste Overheadfolie, Themenwechsel oder Frage: „So, ich glaube, *diesen* Punkt haben wir damit geklärt, nicht wahr?"

Signal: Hochgezogene Augenbrauen, leicht geöffneter Mund, aufrechte Haltung = Überraschung, Erstaunen.

Reaktion: Bestätigungsbemerkung: „Ja, *auch wir* waren über diese Entwicklung recht überrascht!"

7.5 Überzeugungsarbeit in der Präsentation

Selbstöffnung

Menschen haben Angst vor dem Unbekannten. Erst wenn sie annehmen, die Wertigkeit einer Sache, einer Gruppe oder einzelner Menschen erkannt zu haben, gewinnen sie die erforderliche Orientierung, öffnen oder verschließen sie sich, entwickeln sie Vertrauen oder bleiben auf „Fluchtdistanz". Legen Sie bei einer Präsentation die Wertigkeit Ihrer Gesellschaft offen. Dies geschieht durch folgende Aussagen:

- „Wir sind nicht an Augenblickserfolgen interessiert. Uns geht es um eine langfristige partnerschaftliche Zusammenarbeit."

- „Wir halten es für einen Fehler, Kunden aus Eigennutz zu enttäuschen. Zufriedene Kunden sind unsere beste Referenz."

- „Wir halten den etwas saloppen amerikanischen Satz für richtig: 'You can do business only with friends'."

Je mehr Informationen Sie über Ihre Persönlichkeit geben, umso mehr Vertrauen werden Sie gewinnen. Dies ist recht einfach, wenn Sie nach der Schilderung eines Sachverhalts Ihre subjektive Interpretation anhängen:

- „Sehen Sie, und ich persönlich bin davon überzeugt, dass diese Sicherheit sehr hilfreich ist."
- „Ich glaube, dies ist eine echte Chance, neue Kunden zu gewinnen und neue Märkte zu erschließen."
- „Und genau dies halte ich für einen erfolgreichen Weg in die Zukunft."

Tipp 133: Geben Sie Orientierung durch Selbstöffnung

Gleich zu Beginn der Präsentation sollten Sie Orientierungshilfe durch Selbstöffnung geben. Legen Sie die Wertigkeit Ihrer Gesellschaft offen und öffnen Sie sich auch selbst. Zeigen Sie Facetten Ihrer Persönlichkeit.

Hinwendung

Auch Gruppen reagieren positiv auf Hinwendung. Wer Menschen akzeptiert und ihnen hilft, ihre Ziele zu verwirklichen, wird als Freund erlebt. Wer sie ablehnt, nicht akzeptiert oder sie bei der Verwirklichung ihrer Ziele behindert, als Feind.

Ihre Hinwendung machen Sie durch erkennbares Interesse an Menschen, ihren Zielen und Aktivitäten deutlich. Dies geschieht durch

- eine interessierte Frage und mit einer akzeptierenden Bemerkung: „Sagen Sie, wie hoch ist eigentlich Ihre Ausschussquote?" (Bestätigung der Antwort:) „Das ist wirklich recht viel!"
- oder durch eine akzeptierende Bestätigung mit angehängter Frage: „Ich bewundere die Entwicklung Ihres Hauses, zumal die Branche gerade in den letzten Jahren große Schwierigkeiten hatte. Aber wie wollen Sie nun den neuen Herausforderungen begegnen?"

Beide Hinwendungen lassen die zweckmäßige Überleitung zu: „Ich bin sicher, dabei können wir Ihnen helfen!"

Tipp 134: Machen Sie Hinwendung erlebbar

Ihre Hinwendung zeigen Sie durch deutliches Interesse an Ihren Gesprächspartnern, ihren Aktivitäten und Zielen. Sowohl die interessierende Frage als auch die akzeptierende Bestätigung können Sie auf Ihr Angebot überleiten.

Bildhaft oder abstrakt formulieren?

Es gibt Menschen, die in einer anschaulichen, bildhaften Sprache denken und sprechen. Und es gibt Menschen, die mit gleichnisartigen Formulierungen nichts anfangen können, sie denken und formulieren abstrakt. Dieser Unterschied ist zum Teil psychologisch und auch soziologisch zu erklären. So neigen beispielsweise Banker und Juristen überwiegend zu Abstraktionen. Realistische, gegenwartsbezogene Unternehmer formulieren dagegen gern in einer bildhaften Sprache. Mit der Ausprägung der Allgemeinbildung oder der Intelligenz hat dies nichts zu tun.

Wenn Sie den bildhaften Typus abstrakt ansprechen oder den abstrakten Typus mit Bildern überzeugen wollen, müssen Sie davon ausgehen, kaum verstanden zu werden und nicht zu überzeugen. Damit Sie in der Lage sind, sich auf unterschiedliche Kundentypen einstellen zu können, sollten Sie beide „Sprachen" beherrschen.

Tipp 135: Sprechen Sie die „Sprache" der Teilnehmer

Achten Sie genau auf die Formulierungsformen der Teilnehmer. Dies gilt für die persönlichen Gespräche der Teilnehmer untereinander und auch für ihre Diskussionsbeiträge. Wenn Sie die dominierende Sprachform erkannt haben, können Sie sich darauf einstellen. Für den Fall dass Sie es mit einer gemischten Gruppe zu tun haben, empfiehlt es sich, wesentliche Inhalte in beiden Sprachformen anzubieten. Das heißt, Sie formulieren zuerst abstrakt und übersetzen dann lächelnd ins Bildhafte.

Beispiel: „Die Qualifikation vieler Menschen ist deckungsgleich mit der Qualifikation ihrer Eltern oder einzelner Elternteile" (= abstrakt). „Der Apfel fällt nicht weit vom Stamm" (= bildhaft).

Prämissen und Schlussfolgerungen

Unser Denken behandelt in der Regel zunächst die unterschiedlichen Prämissen, um daraus dann die Schlussfolgerung abzuleiten. Wenn wir nun diesen Inhalt anderen vermitteln wollen, liegt es nahe, mit der Schlussfolgerung zu beginnen, die dann zunächst als Behauptung im Raum steht – und zumeist auf Widerstand stößt.

Beispiel: Ein Mann hat ein 15 Jahre altes Auto und ist damit bereits 350 000 km gefahren. Nun sitzen die Kolben in den Zylindern fest, und die Kurbelwellenlager haben ihren „Geist" aufgegeben. Eine Austauschmaschine kostet 6 200 Euro. Ein Händler bietet für das Fahrzeug noch 850 Euro, wenn der Mann ein neues Auto bei ihm kauft. Zu Hause beim Abendessen beginnt der Mann ein Gespräch mit seiner Frau: „Wir sollten uns ein neues Auto kaufen!" Antwort der Frau: „Kommt überhaupt nicht in Frage. Viel wichtiger ist ein Wintergarten."

Tipp 136: Beginnen Sie nicht mit den Schlussfolgerungen

Geben Sie den Teilnehmern Gelegenheit, zunächst die Prämissen zu durchdenken. Anschließend kommen Sie dann gemeinsam mit den Teilnehmern zu der nun überzeugenden Schlussfolgerung.

Aufbau und Struktur

Ob wir mit einem Menschen ein Überzeugungsgespräch führen oder ob wir eine Gruppe überzeugen wollen: Es handelt sich um Menschen, die einzeln oder gemeinsam logischen Ableitungen und Assoziationsketten folgen.

Tipp 137: Aufbau des Überzeugungsprozesses nach ISABA

1. Anrede
   ⇓
2. Begrüßung
   ⇓
3. Vorstellung
   ⇓
4. Zielsetzung: Thema im Umriss
   ⇓
5. Ist-Zustand: Bedarfsfelder, Mangel der Teilnehmer
   ⇓
6. Soll-Zustand: Was die Teilnehmer erreichen können/wollen
   ⇓
7. Angebot zur partnerschaftliche Zusammenarbeit, Problemlösung
   ⇓
8. Beweisführung: Detaillierter Beweis des Angebots (7)
   Wie man den Ist-Zustand korrigiert und den Soll-Zustand erreicht
   ⇓
9. Auslösung: Appell, wann und wie beginnen
   ⇓
10. Abschluss: Verabschiedung

7.6 Sondersituationen meistern

Stecken bleiben

Das Steckenbleiben, also „den Faden" zu verlieren, ist die große Angst vieler Redner und Referenten. Das Gefährlichste daran ist die Angst selbst, die zumeist völlig unbegründet ist. Genau genommen können Sie gar nicht stecken bleiben,

- weil Sie Ihre Präsentation mit Folien vorbereitet haben, die Sie zuverlässig durch die Präsentation führen,

- weil Sie sich Stichwörter notiert haben, die Sie sicher von Thema zu Thema bringen,

- weil Sie nach ISABA logische Ableitungen entwickeln,

- weil das nächste Beamer-Bild das Thema vorgibt.

Verzichten Sie unbedingt auf den Einsatz eines detaillierten Manuskripts. Mit dem Ablesen verlieren Sie Ihre Lebendigkeit im mündlichen Ausdruck, in der Gestik und in der Mimik. Außerdem demonstrieren Sie Unsicherheit und/oder das Unvermögen, nicht frei sprechen zu können.

Tipp 138: Machen Sie einen neuen Ansatz, wenn Sie stecken bleiben

Wenn Sie wider Erwarten dennoch einmal stecken bleiben, weil Sie zum Beispiel übermüdet oder gesundheitlich „angeschlagen" sind, können Sie sich mit einem neuen Ansatz helfen:

- „Vielleicht beginne ich einmal anders ..."

- „Lassen Sie mich das einmal anders formulieren ..."

- „Mit anderen Worten ..."

- „Unabhängig hiervon: Die Kernfrage lautet, ..."

- „Das Entscheidende dabei ist ..."

Selbst wenn Ihr neuer Ansatz nicht haarscharf trifft: Die Teilnehmer (jeder für sich) versuchen, Ihnen zu folgen.

Tipp 139: Wenn sich Teilnehmer unterhalten

Lassen Sie sich nicht aus der Ruhe bringen. Verzichten Sie auf einen grimmigen oder korrigierenden Gesichtsausdruck. Sehen Sie die „Unterhaltungskünstler" lächelnd an und

- sprechen Sie sehr leise; jetzt fühlen sich die übrigen Teilnehmer gestört und korrigieren die Störer,

- sprechen Sie Reizwörter („und", „aber", „andererseits", „deshalb", „weil" – mit angehängter Bedeutungspause) laut wie Pistolenschüsse,

- hören Sie auf zu sprechen und sehen Sie die Störer lächelnd und gütig an.

Tipp 140: Was tun bei negativen Zwischenrufen?

Ignorieren hilft nicht. Die Teilnehmer würden dann annehmen, Sie seien argumentativ nicht in der Lage, die Situation zu klären. Deshalb greifen Sie den Zwischenruf auf und fragen Sie:

● „Welchen Weg würden Sie vorschlagen?"

● „Weshalb glauben Sie, ..."

● „Wie ließe sich das realisieren?"

Ihre offenen W-Fragen zwingen zur formulierten Antwort.

Mit der Antwort zwingen Sie den Negativrufer zu konstruktiven Ansätzen. Wenn der Zwischenrufer dann antwortet und seine Gegenmeinung äußert: Sehen Sie ihn nicht an. *Beobachten Sie genau die anderen Teilnehmer.* Sie erkennen dann sehr schnell, wer mit der Gegenmeinung nicht einverstanden ist. Richten Sie an diesen Teilnehmer dann die Frage: „Herr X, wie sehen Sie die ... (Auswirkungen)?" Auf diese Weise brauchen Sie sich nicht gegen den „Widersacher" zu stellen. Die Teilnehmer korrigieren sich gegenseitig, und Sie können schlichten. Oft hilft auch *„retorsio argumenti"* (Umkehrung von Prämissen zu einer anderen Schlussfolgerung). In diesem Fall kontern Sie: „Ich folge durchaus Ihrer Meinung, dass ..." (Sorge, Überlegung, Ansicht, Prämisse). „Aber, *gerade weil* ..., sollten wir ..."

Positive Zwischenrufe

Positive Zwischenrufe sind Zustimmungen. Sie sollten sie sofort aufgreifen und Interaktion entwickeln. Bedanken Sie sich durch anerkennende Bestätigungen: „Sehr richtig, Sie haben die Kernfrage erkannt!" „Danke, genau das ist der Vorteil!" „Ein sehr guter Weg. Wir sollten ihn gehen!"

Tipp 141: Stellen Sie unpassende Zwischenfragen zurück

Die Teilnehmer kennen Ihre Präsentation nicht. Deshalb kann es vorkommen, dass Zwischenfragen zum unpassenden Zeitpunkt gestellt werden. Sie haben dann folgende Möglichkeiten zu reagieren:

• Zurückstellen der Frage: „Eine sehr wichtige Frage. Ich werde sie später ausführlich beantworten." – „Auch das ist ein interessanter Aspekt. Ich werde später noch detailliert darauf zurückkommen."

• Frage an alle Teilnehmer: „Meine Damen und Herrn, soll ich die Frage direkt beantworten oder zunächst zurückstellen?" Zumeist tönt es dann „weitermachen!"

Wie Sie auch immer vorgehen: Sie müssen die Zurückstellungen unter allen Umständen später behandeln.

Tipp 142: Wenn im Diskussionsteil niemand Fragen hat ...

Sie haben einen angekündigten Diskussionsteil begonnen, aber niemand äußert eine Meinung. Dann stellen *Sie* Fragen:

• „Welche Fragen sind offen geblieben?"

• „Was spricht eigentlich dafür und was dagegen?"

• „Welche Auswirkungen wird ... Ihrer Meinung nach auf ... haben?"

• „Welche Branchen werden Ihres Erachtens hiervon besonders betroffen sein?"

Wenn Fragen an die Gruppe wirkungslos bleiben, dann fragen Sie einzelne Teilnehmer. In der Gruppe nimmt so mancher Teilnehmer an, ein anderer würde schon antworten. Wenn er aber persönlich angesprochen wird, reagiert er.

8. Kinesik und Umgangsformen

8.1 Kinesik im Verkaufsgespräch

Kinesik ist die Lehre von der Bedeutung körperlicher Signale des Menschen (Mimikphasen, Gesten und Haltungen) in Hinblick auf die gegenwärtigen Emotionen. Emotionen sind verbunden mit Erregungszuständen in der Großhirnrinde. Die dort eingelagerten Nervenzellen leiten die Erregung von den Axonen (Nervenstränge) über die Endverzweigungen bis zu den motorischen Nervenenden. Diese Nervenenden sind eingebettet in die Muskelfasern, beispielsweise unserer Hände, Füße oder der Gesichtsmuskulatur. Damit ist ein physisch-technischer Zusammenhang zwischen erregten Nervenzellen in der Großhirnrinde und der Muskelbewegung nachgewiesen.

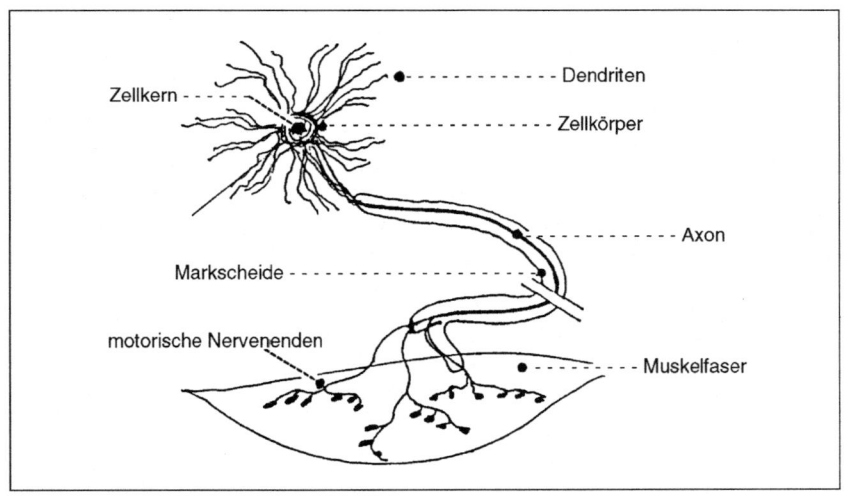

Abbildung 14: Dendriten

Unabhängig von diesen physiologischen Prozessen gibt es eine Anzahl gelernter Bewegungsmuster, die weitgehend untrennbar mit bestimmten Emotionen verbunden sind (Pantomimik, Schauspielkunst, Karikatur).

Die Mischung aus motorischen Reaktionen und erlernten Mimikphasen ist erstaunlicherweise bei fast allen Menschen – unabhängig von ethnischer Herkunft oder Lebensraum – im Hinblick auf die verursa-

147

chenden Emotionen weitgehend gleich. Die Forscher Friesen, Eckmann und Sorensen legten zum Beispiel Afrikanern, die bis dahin keinen Kontakt zur Zivilisation hatten, Fotos von Europäern mit deutlichem mimischen Ausdruck vor. Die Testpersonen deuteten Emotionen wie Hass, Angst, Ablehnung oder Abscheu deckungsgleich mit Europäern. Anders verhält es sich mit bestimmten Gesten. Hier können erlernte Begleitgesten die motorische Untermalung einer Aussage bestimmen. Ein typischer Süditaliener neigt beispielsweise zu anderen, temperamentvolleren Gesten als ein typischer Norweger, der eher zurückhaltend und sparsam mit Gesten umgeht.

Tipp 143: Nutzen Sie nonverbale Signale als wertvolle Information

Beobachten Sie Ihren Gesprächspartner sehr genau. Achten Sie im Gespräch auf seine Körperhaltung, Gestik und Mimik. Es ist für Sie sehr wertvoll, wenn Sie im Überzeugungsprozess frühzeitig erkennen können, was der Kunde gerade fühlt, denkt und ob die Belastungsgrenze erreicht ist, ob Sie Ihre Darstellungen abschwächen oder verstärken müssen. Deshalb ist es wichtig, um die Aussagen bestimmter Mimikphasen, Gesten und Körperhaltungen zu wissen.

Viele oft durchaus nette Menschen stoßen auf heftige Ablehnung, nur weil sie ihren Gesprächspartnern physisch zu nahe kommen. Kommunikationsdistanzen variieren je nach Kulturkreis und Vertrautheit. In Mitteleuropa sind die folgenden Distanzzonen üblich:

- **Intime Distanz:**
  0 bis 100 cm (ca.). Nur erlaubt bei sehr persönlichen und mit Hinwendung verbundenen Beziehungen (auf Gegenseitigkeit), zum Beispiel im Kontakt mit Familienmitgliedern oder guten Freunden.

- **Persönliche Distanz:**
  100 bis 200 cm (ca.). Die ideale Distanz zu einem Verhandlungspartner.

- **Gesellschaftliche Distanz:**
  200 bis 400 cm (ca.). Die richtige Distanz für die Verhandlung mit mehreren Partnern.

- **Öffentliche Distanz:**
  400 bis 800 cm (ca.). Die zweckmäßige Distanz bei Präsentationen, Referaten und Vorträgen.

- **Anonyme Distanz:**
Ab 800 cm (ca.). Distanz der Beziehungslosigkeit (ist durch Einsatz von Technik zum Teil kompensierbar).

Tipp 144: Respektieren Sie die üblichen Kommunikationsdistanzen

Kommunikationsdistanzen richten sich nach Kulturkreis, Anlass und Grad der Intimität. Wenn Sie im persönlichen Gespräch unsicher sind, orientieren Sie sich an der Distanz, die Ihr Gesprächspartner Ihnen vorgibt.

Tipp 145: Vermeiden Sie die „physische Invasion"

Wer zu einem geschäftlichen Gesprächspartner (ohne enge Vertrauensbindung) ca. 100 cm Distanz unterschreitet, begeht eine physische Invasion und erweckt damit ein Gefühl von unzulässiger Bedrängung. Dieses Wissen wird auch in der Kriminalistik gelehrt. Der verhörende Beamte wird zum Beispiel dem Verdächtigen bei bestimmten, entscheidenden Fragen plötzlich sehr nahe kommen und physische Bedrängung bewusst einsetzen.

8.2 Umgangsformen im Außendienst

Verkäufer im Außendienst repräsentieren ihre Unternehmen. Und mehr und mehr profilieren sich Unternehmen durch den Auftritt ihrer Mitarbeiter. Außendienstmitarbeiter sind im Beratungsverkauf eigentlich Unternehmensberater und sollten deshalb auch ihrem Wert entsprechend stilistisch vorbildlich auftreten. Es geht um die Akzeptanz, um die Sympathie und um das Vertrauen von Kunden und möglichen Kunden. Und hier ist neben psychologischen oder rhetorisch-dialektischen Vorgehensweisen auch das allgemeine Umgangsverhalten wichtig.

Viele (potenzielle) Kunden benehmen sich schlecht, erwarten aber von uns, dass wir über gebildete Umgangsformen verfügen. Sicher, wir alle benehmen uns im Umgang mit Kunden gut, so wie wir es gelernt haben. Aber haben wir eigentlich immer das Richtige gelernt? Oder haben wir vielleicht die eine oder andere „Spielregel" vergessen? Hinzu kommt, dass gutes Benehmen in den letzten Jahrzehnten nicht so wichtig erschien. Das hat sich inzwischen geändert. Gutes Benehmen wird wieder beachtet, schafft wieder Anerkennung und Vertrauen.

Stellen Sie sich einmal vor: Sie besuchen einen Kunden zur Mittagszeit und der Kunde sagt: „Ich würde Sie gern zu einem kleinen Imbiss einladen. Leider ist mein Wagen in der Inspektion. Nehmen wir also Ihren." Der Kunde sitzt in Ihrem Wagen, starrt befremdet auf einen überquellenden Aschenbecher, und beim Bremsen rollen ihm leere Colaflaschen zwischen die Beine. Peinlich und umsatzhemmend!

Tipp 146: Der Dienstwagen repräsentiert

Ihr Dienstwagen ist Ihr Büro, und für viele ist er auch Wohn- und Erholungsraum. Und so, wie Sie Ihr Büro oder Ihr Wohnzimmer sauber und aufgeräumt halten, sollten Sie auch Ihren Dienstwagen von außen und innen stets sauber und ordentlich halten.

Das Gleiche gilt selbstverständlich auch für Ihr Äußeres. Gepflegtes Auftreten verlangt auch einen erkennbaren Pflegezustand von Haar, Bart und Händen. Wer vier Wochen keinen Frisör aufgesucht hat, eine ungekämmte „Haarpracht" zeigt oder schmutzige Hände hat (weil er zum Beispiel am Vorabend den Rasenmäher reparieren musste) kann nicht erwarten, dass Kunden ihm besondere Sympathie entgegenbringen.

Tipp 147: Vermeiden Sie unangenehme Gerüche

Extrem abstoßend wirken unangenehme Gerüche. Wer also stark schwitzt, muss sich besonders oft gründlich waschen, seine Anzüge häufig reinigen lassen und Deodorant benutzen. Und wenn Sie am Abend Knoblauch essen, sollten Sie direkt anschließend und am nächsten Morgen Chlorophyll-Tabletten (Apotheke) schlucken. Und noch ein Hinweis: Wenn Sie Raucher sind, sollten Sie unmittelbar vor dem Kundenbesuch ein Pfefferminzbonbon lutschen. Viele Nichtraucher lehnen Tabakgeruch „militant" ab.

Tipp 148: Achten Sie auf den Zustand Ihrer Verkaufsunterlagen

Selbstverständlich müssen auch Ihre Verkaufsunterlagen einen gepflegten Eindruck machen. Mit uralten, knittrigen oder „blinden" Prospekthüllen, mit fleckigen, mehrfach korrigierten Preislisten oder halbaufgelösten Vorlagemappen bauen Sie sich Hürden auf, die oft einen Abschluss verhindern.

Tipp 149: Der Kundenname ist wichtig

Wenn Sie Ihren Kunden begrüßen, ist ein schlichtes „Guten Morgen" oder „Guten Tag" nicht ausreichend. Die Namensnennung ist ein starkes Kontaktmedium. Also muss der Gruß lauten: „Guten Morgen, Herr X" oder „Guten Tag, Frau Y". Diese Regel gilt nicht nur für die Begrüßung des Entscheidungsträgers. Sie ist auch bei der Begrüßung von Sekretärinnen oder engen Mitarbeitern des Entscheidungsträgers zu beachten. Merken Sie sich unbedingt die Namen von Personen aus dem Umfeld des Entscheidungsträgers, damit Sie diese beim Folgebesuch mit Namen ansprechen können. Besonders wichtig sind Sekretärinnen, die oft erheblichen Einfluss auf ihren Chef ausüben. Damit Sie diese Namen nicht vergessen, sollten Sie direkt nach dem Besuch eine Notiz machen.

Tipp 150: Handschlag und Händedruck

Stürzen Sie nicht mit ausgestreckter Hand auf Ihren Gesprächspartner zu. Lassen Sie ihn entscheiden, ob er einen Handschlag wünscht. Gehen Sie freundlich und lächelnd auf ihn zu. Wenn er dann die Hand ausstreckt, nehmen Sie selbstverständlich den Handschlag an. Besonders weibliche Gesprächspartner wägen oft sehr genau ab, wem sie die Intimität des Handschlags gewähren wollen. Vermeiden Sie unter allen Umständen einen Handschlag ohne Druck. In Deutschland wird häufig ein lascher Händedruck mit einer laschen Persönlichkeit gleichgesetzt, und viele Menschen ekeln sich vor diesem laschen Händedruck. Achten Sie aber auch darauf, dass Sie nicht zu fest zupacken. Es gibt Leute, deren Händedruck an einen Schraubstock erinnert. Wenn Sie einem Kunden Schmerz zufügen, wird er Sie nicht mögen.

Tipp 151: Geben Sie ein Aufforderungssignal
zum Handschlag

Wenn Sie sicher gehen wollen, dass Ihnen der Kunde die Hand reicht, senden Sie ihm ein Aufforderungssignal: Bis zur Bürotür tragen Sie Ihre Unterlagen in der linken Hand. Die rechte Hand bleibt unbelastet und darum kühl und trocken. Vor der Tür wechseln Sie die Unterlagen in die rechte Hand. Etwa zwei Meter vor dem Kunden wechseln Sie die Unterlagen wieder in die linke Hand. Dabei kommt Ihre rechte Hand in Brusthöhe. Kunden nehmen diese Haltung unbewusst wahr und werden Ihnen nahezu immer die Hand reichen. Wenn nicht, erscheint Ihre Handhaltung auf jeden Fall begründet.

Tipp 152: Wie lange sollten Sie auf einen Gesprächspartner warten?

Der Empfang oder die Sekretärin hat Ihren Gesprächspartner informiert, dass Sie da sind. Der Kunde aber lässt Sie warten. Was ist zu tun? Zehn Minuten Wartezeit sollten Sie in Kauf nehmen. Dann bitten Sie darum, Ihren Gesprächspartner zu erinnern. Begründen Sie dies damit, dass die Zeit doch recht knapp würde und Sie noch Folgebesuche hätten. Wenn Sie nichts tun und weiter warten, dokumentieren Sie, dass Sie ohnehin nichts zu tun haben.

Tipp 153: Die richtige Sitzposition beim Warten

Im Wartezimmer oder in der Eingangshalle sollten Sie Ihre Sitzposition so wählen, dass Sie alle Aktivitäten genau verfolgen können. Dann sehen Sie auch, wenn Ihr Gesprächspartner oder ein Beauftragter Sie abholen will und können sich auf den Kontakt vorbereiten. Fehlverhalten wird oft von Überraschungen verursacht.

Tipp 154: Führen Sie keine vertraulichen Gespräche in Wartezimmern

Falls Sie zu zweit einen Kunden besuchen, vermeiden Sie unter allen Umständen im Wartezimmer vertrauliche Gespräche. Manche Wartezimmer werden abgehört. Unterhalten Sie sich deshalb nur unverfänglich und äußern Sie sich nicht negativ über den Kunden. Besser: Sprechen Sie anerkennend über den Kunden. Vermeiden Sie vor allem Gespräche über Preisgrenzen.

Tipp 155: Was tun, wenn man Ihnen keinen Platz anbietet?

Ein Kunde, der über gutes Benehmen verfügt, wird Sie auffordern, Platz zu nehmen. Es gibt aber auch „Stoffel", die sitzen bleiben und keinen Platz anbieten. Sie können ein Verkaufsgespräch aber nicht im Stehen führen, wenn der Kunde sitzt. In einer solchen Situation lächeln Sie den Kunden an, greifen nach einem Stuhl mit der Bemerkung „Sie erlauben?" und setzen sich.

Tipp 156: Nicht jedes Gesprächsumfeld passt

Wenn Sie Ihren Kunden in einer Werkstatt antreffen und dieser Kunde Anstalten macht, mit Ihnen stehend zwischen Kisten und Sägespänen zu verhandeln, ergreifen Sie die Initiative. Erklären Sie ihm freundlich, dass das Gespräch doch recht wichtig sei, und fragen Sie ihn, wo Sie ungestört und in Ruhe miteinander sprechen könnten. In neun von zehn Fällen geht der Kunde sofort darauf ein. Wenn nicht, rücken Sie die Kisten oder einen vorhandenen Tisch so, dass Sie und der Kunde sitzen können – und so, dass Ihre Unterlagen griffbereit liegen.

Tipp 157: Beachten Sie die Reihenfolge der Vorstellung

Sollten Sie einen bestehenden Kunden zu zweit besuchen, müssen Sie Ihren Begleiter mit dem Kunden bekannt machen. Dabei stellen Sie zuerst Ihren Begleiter vor, weil Ihr Kunde das Recht hat, zuerst informiert zu werden.

Tipp 158: Ignorieren Sie Kinder und Haustiere nicht

Wenn Sie im Büro oder in der Werkstatt des Kunden auf eines seiner Kinder, Enkel oder auf Haustiere treffen, sollten Sie diese nicht ignorieren. Schenken Sie Kindern Aufmerksamkeit durch freundliche kurze Fragen oder Aussagen. Fragen Sie beispielsweise nach dem Alter, und finden Sie an den Haustieren positive Details.

Tipp 159: Smalltalk – ja oder nein?

Konservative Kunden legen besonders viel Wert auf gutes Benehmen und eine förmliche Distanz. Sie erwarten zum Beispiel, dass Sie nicht direkt nach der Begrüßung „mit der Tür ins Haus fallen". Sie erwarten ein unverbindliches, abtastendes kleines Vorgespräch, den so genannten Smalltalk. Der moderne „Machertypus" dagegen hat nie Zeit, hält sich nicht mit Förmlichkeiten auf und will sofort zur Sache kommen. Verwechslungen dieser beiden Kundentypen können sich sehr ungünstig auswirken. Deshalb sehen Sie sich den Kunden und sein Umfeld sehr genau an. Sie erkennen den Unterschied an der Kleidung, an der Ordnung auf dem Schreibtisch und an der Büroausstattung.

Tipp 160: Wer geht zuerst durch die Tür?

Für den Fall, dass Sie mit Ihrem Kunden während der Verhandlung den Raum wechseln, wird der Kunde Ihnen zumeist die Tür aufhalten und Ihnen als Gast Vortritt lassen. Nehmen Sie sein Angebot an. Handelt es sich dagegen um eine Gesprächspartnerin, dann bieten Sie Ihr den Vortritt. Auch sehr moderne Frauen schätzen wieder männliche Höflichkeit.

Tipp 161: Links oder rechts gehen?

Wenn Ihr Kunde mit Ihnen durch Büros, durch den Betrieb oder über den Hof geht, dann gehen Sie rechts. Als Gast haben Sie Anspruch auf die bevorzugte Seite. Ist Ihr Kunde aber eine Kundin, dann gehen Sie links.

Tipp 162: Sitzhaltungen sind körperliche Signale

Auch die Sitzhaltung ist zu beachten. Liegen Sie nicht „cool" im Besucherstuhl. Diese Haltung verrät geringes Interesse, schwaches Engagement. Sitzen Sie nicht auf der Stuhlkante. Dies wirkt unsicher. Und wenn Sie die Beine übereinanderschlagen, darf Ihr Knie nicht über die Tischebene hinausragen. Besonders wichtig: Ihre Füße dürfen die Stuhlbeine nicht umklammern. Sie würden damit Unsicherheit signalisieren.

Tipp 163: Ein Aschenbecher ist noch keine Raucherlaubnis

Selbst wenn im Hause kein Rauchverbot besteht und überall Aschenbecher herumstehen, kann es sein, dass ausgerechnet Ihr Gesprächspartner Nichtraucher ist und Raucher hasst. Deshalb rauchen Sie im Hause des Kunden nur, wenn der Kunde raucht – und nur mit Zustimmung des Kunden. Fragen Sie ihn zum Beispiel: „Darf ich mich Ihnen anschließen?"

Tipp 164: Beachten Sie Reviergesetze

Für den Fall, dass Sie am Schreibtisch verhandeln: Verändern Sie nicht den Standort von Gegenständen. Der Schreibtisch ist das „Revier" des Kunden. Nach uralter „Revierbehauptung" gilt auf dem Schreibtisch ausschließlich sein Gesetz. Wenn Sie keinen Platz für Ihre Unterlagen finden, bitten Sie um einen zweiten Stuhl. Die „Reviergrenze" zwischen zwei Partnern im Gespräch verläuft genau in der Mitte. Wenn Sie Ihrem Kunden mit dem Zeigefinger Details einer Unterlage zeigen wollen, gerät Ihre Hand oder Ihr Finger in das Revier Ihres Kunden. Unbewusst erlebt Ihr Kunde dies als Bedrängung, als physische Invasion. Deshalb zeigen Sie stets mit einem Stift (Kugelschreiber).

Tipp 165: Halten Sie Blickkontakt in Verkaufsbesprechungen

Im Verkaufsgespräch werden Sie sicher Blickkontakt mit Ihrem Kunden halten. Aber immer häufiger haben Sie es mit Verkaufsbesprechungen zu tun, das heißt, Ihr Kunde zieht mehrere Mitarbeiter hinzu. Diejenigen, die Sie direkt ansprechen oder ansehen, während Sie sprechen, fühlen sich akzeptiert, erleben Achtung. Die anderen, die von Ihnen nicht direkt angesprochen werden, mit denen Sie keinen Blickkontakt halten, fühlen sich von Ihnen missachtet, entwickeln Gegnerschaft. Deshalb: Beziehen Sie alle Anwesenden mit direkten Ansprachen und Blickkontakt in die Verhandlung ein.

Tipp 166: Bleiben Sie bei der Wahrheit

Große Ablehnung erfährt derjenige, der es mit der Wahrheit nicht so genau nimmt. Selbst Leute, die vor groben Lügen nicht zurückschrecken, erwarten von anderen nichts als die Wahrheit. Deshalb vermeiden Sie jede Unwahrheit. Verzichten Sie auch auf kleine Notlügen. Wenn Sie in Bedrängnis kommen, retten Sie sich mit Bedeutungsumstellungen.

Beispiel: „Sicher, dieses Gerät verfügt über eine recht einfache Toleranzregulierung, weil wir erkannt haben, dass ca. 82 Prozent der Ausfälle von der überzüchteten Elektronik verursacht werden. Und Sie sagten doch, dass Zuverlässigkeit für Sie besonders wichtig ist." Schmeicheln Sie nicht. Loben Sie nicht schlechte oder durchschnittliche Details. Ihre Gesprächspartner erkennen die Unaufrichtigkeit und glauben Ihnen kein Wort mehr. Machen Sie sich die Mühe, im Umfeld oder im Handeln des Kunden positive, überdurchschnittliche Werte zu erkennen. Diese Werte sollten Sie herausstellen und loben.

Tipp 167: Fallen Sie dem Kunden nicht ins Wort

Verkäufer wissen, was sie sagen wollen, weil sie viele ihrer Argumentationsketten schon etliche Male vorgetragen haben. Kaum hat der Kunde eine Aussage begonnen, wissen sie schon, „aha, das ist die Story 471" und kennen ihre Antwort schon auswendig. Jetzt wäre es sehr gefährlich, dem Kunden ins Wort zu fallen. Hören Sie ihm konzentriert und aufmerksam zu. Nehmen Sie seinen Einwand ernst. Anschließend tragen Sie nachdenklich, aber bestimmt Ihre Lösungsansätze vor.

Tipp 168: Streiten Sie nie mit einem Kunden

Auch wenn Sie Recht und die besseren Argumente haben: Streiten Sie nie mit einem Kunden. Jeden Streit mit einem Kunden verliert der Verkäufer. Sachlich nachzugeben wäre aber falsch. Bleiben Sie verbindlich. *Beispiel:* „Herr X, sehr gern würde ich Ihnen ja hier zustimmen. Andererseits mussten wir uns selbstverständlich exakt an das Aufmaß halten. Jetzt sollten wir darüber nachdenken, wie wir das Problem lösen."

Tipp 169: Vorsicht mit Gesprächen über Politik

Sprechen Sie grundsätzlich nicht über Politik, bevor sich der Kunde von sich aus zweifelsfrei offenbart hat. Es ist durchaus möglich, dass der vor Ihnen sitzende geschäftsführende Gesellschafter Mitglied der SPD ist und dass der junge Einkäufer, den Sie überzeugen wollen, seit Jahren der CDU angehört. Deshalb: Verurteilen Sie nicht, beurteilen Sie – und bleiben Sie mit volkswirtschaftlichen oder bildungspolitischen Bemerkungen sachlich. *Beispiel:* „Letztlich sind wir ja alle daran interessiert, dass die internationale Wettbewerbsfähigkeit unserer Wirtschaft schnell und nachhaltig verbessert wird".

Tipp 170: Witze können die Beziehung stören

Die Zeit der Witze erzählenden Verkaufs-Onkel ist vorbei. Kunden haben heute wenig Zeit und suchen keinen Unterhaltungswert im Einkaufsgespräch. Besonders Witze mit ethischen oder erotischen Komponenten können zur schroffen Ablehnung führen.

Tipp 171: Sprechen Sie nicht schlecht über abwesende Dritte

Sprechen Sie nicht schlecht über abwesende Dritte. Ihr Kunde würde annehmen, dass Sie vielleicht auch über ihn schlecht reden.

Tipp 172: Was tun, wenn der Kunde telefoniert oder seine Post liest?

Ihr Kunde hat nicht veranlasst, dass während des Gesprächs mit Ihnen keine Telefonate durchgestellt werden. Ständig klingelt sein Telefon, und Ihr Gespräch wird dauernd unterbrochen. Wie reagieren Sie? Weiterreden, wenn der Kunde jeweils wieder aufgelegt hat? Dann müssen Sie damit rechnen, dass der Kunde Sie nicht begreift, weil ihn seine Telefonaktivität den Stand des Gesprächs vergessen ließ. Zwingen Sie ihn auch nicht zum Bekenntnis: „Wo waren wir gerade?" Fassen Sie mit wenigen Worten das bisher erzielte Ergebnis zusammen. Der Kunde wird es Ihnen danken. Andere Situation: Während Sie sprechen, sieht der Kunde die Post durch. Sprechen Sie nicht weiter. Selbst wenn der Kunde Sie hört, kann er Ihre Ausführungen wegen der Ablenkung bestenfalls nur halb begreifen – und das reicht nicht zur Überzeugung. Stoppen Sie ab, lächeln Sie und sagen Sie: „Sehen Sie sich ruhig zunächst Ihre Post an. Die paar Minuten kann ich warten!" Zumeist lächelt dann auch der Kunde, lässt die Post los und wendet sich Ihnen wieder zu.

Tipp 173: Eine Person betritt den Raum

Wenn während des Gesprächs eine bisher unbeteiligte Person den Raum betritt, beobachten Sie diese Person genau. Macht sie Anstalten, am Gespräch teilzunehmen, stehen Sie auf, begrüßen die Person und stellen sich kurz vor. Nachdem sich alle wieder gesetzt haben, informieren Sie den Ankömmling über das Thema und den Stand des Gesprächs. Sie vermeiden damit, dass Gesprächserfolge, die Sie bereits „in der Tasche" haben, erneut in Frage gestellt werden. Wenn die Person nicht am Gespräch teilnehmen wird, bleiben Sie sitzen. Es genügt dann eine angedeutete Verbeugung und ein freundliches „Guten Morgen" oder „Guten Tag".

Tipp 174: Achten Sie auf die Intimdistanz

Wenn Sie mit dem Kunden stehend sprechen, halten Sie eine Mindestdistanz von ca. einem Meter. Ein Meter ist die Intimdistanz. In ihr dürfen sich nur sehr vertraute Personen wie Familienmitglieder oder gute Freunde aufhalten. Wer anderen zu nahe kommt, verursacht Abwehrreaktionen. In keinem Fall dürfen Sie den Kunden anfassen und ihm zum Beispiel auf die Schulter klopfen. Wenn Sie bereits längere, vertraute Kontakte mit ihm unterhalten, können Sie die Spielregeln lockern.

Tipp 175: Hustenreiz und Hygiene

Sie können nicht verhindern, dass Sie irgendwann ein Hustenreiz überfällt. Dann husten Sie ruhig – aber nicht in die Hand, immer ins Taschentuch. Tragen Sie Ihre Papiertaschentücher in der linken Hosentasche. Dann operieren Sie auch mit der linken Hand, und Ihre rechte Hand, mit der Sie sich später verabschieden wollen, bleibt hygienisch einwandfrei.

Tipp 176: Zeigen Sie Verständnis, wenn Ihr Kunde emotional erregt ist

Wenn ein Kunde beispielsweise wütend eine Reklamation vorbringt, sehen Sie ihn ernst und engagiert an. Lassen Sie ihn sich zunächst „austoben". Erst wenn er sich abreagiert hat, ist er für eine ruhige Erörterung der Sachlage bereit. Beginnen Sie Ihre Antwort grundsätzlich mit Verständnis. Zeigen Sie dem Kunden, dass Sie für ihn da sind und dass er sich auf Sie verlassen kann. Sagen Sie ihm, dass Sie die Angelegenheit sofort klären werden und entschuldigen Sie sich im Namen Ihrer Firma für mögliche Fehler. Machen Sie in Gegenwart des Kunden detaillierte Notizen. Der Kunde soll erleben, dass Sie die Sache sehr, sehr ernst nehmen.

Tipp 177: Treffen Sie im Zweifelsfall keine Entscheidung

Wenn eine Reklamation nicht „sonnenklar" ist, sollten Sie keine Entscheidung treffen, denn sehr oft bedarf es einer technischen oder rechtlichen Prüfung. Bedanken Sie sich für die erhaltenen Hinweise, und sagen Sie Ihrem Kunden umgehende Information nach Klärung zu.

Tipp 178: Für einen Auftrag brauchen Sie sich nicht zu bedanken

Früher bedankte man sich artig für den erhaltenen Auftrag. Damit signalisierte man, dass der Kunde irgendetwas für einen getan hatte. Das stand im Gegensatz zum gesamten Verkaufsgespräch. Da ging es immer darum, dass man etwas für den Kunden bewegen wollte. Deshalb verzichtet man heute auf den Dank. Formulieren Sie einen zukunftsbezogenen Abschlusssatz wie beispielsweise: „Ich freue mich auf eine erfolgreiche Partnerschaft!" „Sie haben sich für uns entschieden, und Sie haben sich richtig entschieden!" Oder: „Damit geben Sie uns Gelegenheit, Ihnen zu zeigen, was wir können!"

Tipp 179: Gehen Sie mit dem Büro des Kunden sorgfältig um

Wenn das Gespräch beendet ist, dann achten Sie bitte beim Aufstehen darauf, dass die Beine Ihres Stuhls nicht über den Boden kratzen. Fassen Sie den Stuhl an einer Lehne und schieben Sie ihn vorsichtig zurück.

**Tipp 180: Sie sind Partner Ihres Kunden,
nicht sein Diener**

Zumeist gibt man sich zum Abschied im Stehen die Hand, wenn das Gespräch harmonisch verlaufen ist. Dabei sollten Sie dem Kunden in die Augen sehen und nicht mit gesenktem Kopf einen „Diener" machen. Der „Diener" signalisiert Unterwürfigkeit, Sie aber sind Partner des Kunden. Demonstrieren Sie mit Ihrer Verabschiedung Kraft, Zuversicht und Hinwendung. Stehen Sie deshalb gerade und lächeln Sie.

Tipp 181: Verabschieden Sie sich auch von der Sekretärin

Verabschieden Sie sich auch von der Sekretärin und von anderen Mitarbeitern, mit denen Sie bei Ihrem Besuch Kontakt hatten. Vergessen Sie nicht: Ein steter Tropfen höhlt den Stein. Und wenn ein Mitarbeiter häufig negativ über Sie spricht, zeigt das letztlich irgendwann Wirkung.

Tipp 182: Vielleicht wird Ihre Abfahrt beobachtet

Wenn Sie das Haus des Kunden verlassen haben und an Ihrem Auto angekommen sind, steigen Sie nicht gleich ein. Werfen Sie noch einen interessierten Blick auf das Gebäude. Manchmal steht der Kunde am Fenster. Machen Sie auf dem Gelände des Kunden keine Notizen. Der Kunde wird verunsichert und nimmt an, Sie wären vom „Geheimdienst". Fahren Sie langsam und diszipliniert vom Hof. Fahren Sie, bis Sie außer Sichtweite sind. Dann stoppen Sie und machen Ihre Notizen. Dieser Notiz-Stopp ist wichtig, weil manche Details von Folgebesuchen überlagert und darum vergessen werden.

9. Besuchsnachbereitung

9.1 Analyse der Besuchsergebnisse

Nach jedem Kundengespräch sollten Sie das Gespräch analysieren. Ermitteln Sie, welche Ihrer Vorgehensweisen sich als zweckmäßig erwiesen haben, welche in Zukunft zu optimieren, zu verändern oder zu vermeiden sind. Stellen Sie auch fest, wo Sie im Überzeugungsprozess stehen und wie es weitergehen soll. Wenn Sie Ihre Gespräche regelmäßig analysieren, Ihre Vorgehensweise anschließend optimieren und, falls erforderlich, ändern, dann sind Sie Ihr eigener erfolgreicher Coach.

> **Tipp 183: Machen Sie die Gesprächsanalyse sofort nach Ihrem Besuch**
>
> Warten Sie mit der Analyse nicht bis zum Abend. Folgebesuche überlagern dann Ihr Gesprächserlebnis. Ihre Analyse muss „taufrisch" sein. Deshalb legen Sie zwischen zwei Kundenbesuchen stets einen Informations-Stopp ein. Fahren Sie rechts ran, analysieren Sie das gerade geführte Gespräch und informieren Sie sich über den anstehenden Folgebesuch.

Besuchsergebnis Firma:	Datum:					
Besuchsziel:						
Leistungen	+	Zensuren				–
	1	2	3	4	5	6
01. Telefon. Vorkontakt (Info-Inhalte)	❑	❑	❑	❑	❑	❑
02. Mentale Kondition	❑	❑	❑	❑	❑	❑
03. Vorbereitung (inhaltlich und organisatorisch)	❑	❑	❑	❑	❑	❑
04. Pünktlichkeit	❑	❑	❑	❑	❑	❑
05. Erscheinungsbild	❑	❑	❑	❑	❑	❑
06. Gesprächspartner = Entscheider?	❑	❑	❑	❑	❑	❑

Leistungen	+	Zensuren			−	
	1	2	3	4	5	6
07. Smalltalk (ob und wie?)	❏	❏	❏	❏	❏	❏
08. Einstellung auf Kundentypus	❏	❏	❏	❏	❏	❏
09. Vertrauensgewinnung	❏	❏	❏	❏	❏	❏
10. Referenzen eingesetzt	❏	❏	❏	❏	❏	❏
11. Gesprächsregie übernommen	❏	❏	❏	❏	❏	❏
12. Gesprächsstruktur planmäßig	❏	❏	❏	❏	❏	❏
13. Interaktion	❏	❏	❏	❏	❏	❏
14. Kinesik (aktiv und passiv)	❏	❏	❏	❏	❏	❏
15. Fragetechnik	❏	❏	❏	❏	❏	❏
16. Einwandbehandlung (konfliktfrei)	❏	❏	❏	❏	❏	❏
17. Produktpräsentation (Zeitpunkt)	❏	❏	❏	❏	❏	❏
18. Fachliche Sicherheit	❏	❏	❏	❏	❏	❏
19. Beweisführung (glaubhaft)	❏	❏	❏	❏	❏	❏
20. Abschlusstechnik (aktiv)	❏	❏	❏	❏	❏	❏
21. Referenzen gefordert	❏	❏	❏	❏	❏	❏
22. Termindisposition (neuer Termin)	❏	❏	❏	❏	❏	❏
23. Stand des Prozesses	—					
24.	—					
25.	—					
26. Weiterführung	—					
27.	—					
28.	—					
29.	—					

Abbildung 15: Formular Besuchsergebnis

9.2 Besuchsdokumentation

Außendienstmitarbeiter vieler Organisationen weigern sich standhaft, Besuchsberichte zu schreiben – und haben dafür auch durchaus berechtigte Gründe. Ein Grund ist, dass viele Vorgesetzte ernsthaft glauben, sie könnten die Leistung ihrer Mitarbeiter durch Dienstaufsicht stabilisieren oder erhöhen. Tatsächlich ist dieser Ansatz recht antiquiert. Schon vor Jahren hat in fortschrittlichen Verkaufsorganisationen die Ergebniskontrolle die Dienstaufsicht abgelöst.

Außendienstmitarbeiter erleben Dienstaufsicht als Kontrollmaßnahme, als „Entmündigung", unzulässige Einmischung und als Kränkung. Sie arbeiten im Außendienst, weil sie sich selbst disponieren wollen. Die kleine Freiheit der Eigendisposition motiviert sie. Wenn nun ein Vorgesetzter Berichte nicht als Information, sondern als Kontrollinstrument versteht, demotiviert er seine Mitarbeiter, steigert nicht deren Leistung, sondern schmälert sie.

Ein weiterer Grund ist die fehlende Zeit. Wer morgens gegen 7.30 Uhr sein Haus verlässt, tagsüber mit vier, fünf oder gar mehr Kunden hart „gefochten" hat und erst abends gegen 19 Uhr (oder später) nach Hause kommt, dem ist eine umständliche Berichtsabfassung kaum noch zuzumuten.

Ich habe in allen Seminaren diese Begründungen gehört – und habe Verständnis für den Widerstand gegen das „Berichtswesen", nicht aber gegen die Besuchsdokumentation selbst. Am Erfolg im Verkauf sind immer mehrere interne oder/ und externe Kooperationspartner, Fachbereiche und unterschiedliche Stellen beteiligt. Darum müssen auch alle beteiligten Personen stets zeitnah, vollständig und richtig über den jeweiligen Stand präzise informiert sein. Und hierbei wollen wir selbstverständlich auch die Vorgesetzten nicht ausschließen, allein schon deshalb nicht, weil diese sich im modernen Führungsverständnis mit ihrer ganzen Fach- und Rangautorität für die gemeinsame Sache einsetzen müssen.

Besuchsdokumentationen statt Kontrollberichte

Verkauf ist in der Regel kein Augenblicksgeschäft, sondern ein Prozess, der sich mit Nachakquisition, Betreuung und Nachkauf über Wochen, Monate oder Jahre hinziehen kann. Bei der Vielzahl der Anbahnungen und Betreuungen kann nach einiger Zeit niemand mehr genau wissen, wo jeder einzelne Prozess „steht" – nicht einmal die Außendienstmitarbeiter selbst. Hinzu kommt: Nahezu jeder Prozess erfordert heute eine exakt auf das jeweilige Unternehmen zugeschnittene individuelle Leistung mit vielen Details.

Wir müssen uns deshalb oft nach Wochen schnell und genau darüber informieren können, was im Rahmen eines bestimmten Kundenbesuchs geschehen ist, gesagt oder vereinbart wurde. Das Gleiche gilt für unsere internen/externen Kooperationspartner, für alle beteiligten Bereiche, Stellen und Personen. Wie soll etwa eine Innendienstkollegin, die dem (potenziellen) Kunden als Ansprechpartnerin genannt wurde, wissen, worum es eigentlich geht und welche Problemlösungen sich im jeweiligen Fall anbieten, wenn sie nicht ausreichend informiert ist?

Und gleichermaßen bedeutsam ist die Besuchsdokumentation für den Marketingbereich. Als Mitarbeiter im Außendienst sprechen Sie mit Hunderten von (möglichen) Kunden „face-to-face". Dabei erfahren Sie die Einstellungen der Kunden zu Ihren Produkten, Leistungen, Wettbewerbern und zu Ihrem Image. Diese Quelle ist für das Marketing unverzichtbar. Mit aufgeregten, sporadischen Einzel-Erzählungen ist aber dem Marketing nicht gedient. Der Marketingbereich muss in Zeitreihen definieren und quantifizieren, muss erkennen können, welche Kritik in welcher Zeit um wie viel Prozent zu- oder abnimmt. Und dafür werden quantifizierbare Informationen, beispielsweise über die Besuchsdokumentation, benötigt. Von der präzisen Information des Marketingbereichs ist auch die Produktinnovation abhängig – und von der Qualität der Produkte hängt wiederum Ihr Verkaufserfolg ab.

Selbstverständlich ist eine Besuchsdokumentation nur praktikabel, wenn sie in wenigen Minuten zu erstellen ist. Hier empfiehlt sich ein kleines Programm, das mit jedem Laptop zu fahren ist. Wenn der Programmrahmen steht, sind die jeweiligen Variablen schnell eingegeben und anschließend auch zentralisiert auszuwerten.

Tipp 184: Systematisieren Sie Ihre Besuchsdokumentation

Wenn es in Ihrer Organisation kein geeignetes Instrument gibt, sollten Sie sich Ihre eigene Dokumentation schaffen. Mit Ihrer Dokumentation können Sie auch die Kollegen des Innendiensts informieren, die mit Ihnen eng zusammenarbeiten. Noch besser: Sprechen Sie mit Ihrem Vorgesetzten und regen Sie an, dass eine allgemeingültige Dokumentation geschaffen wird. Mittels dieser Dokumentationen kann dann auch der Marketingbereich informiert werden.

Besuchsdokumentation

01. AD-Mitarbeiter(in): _____
02. Besuch am: _____
04. Lfd. Besuchsnummer: _____
05. Besuchanlass: _____

06. Besuchsart: _____
07. Besuchsziel: _____

08. Einsatz für Produkt: _____
09. Begleitung von/mit: _____
10. Kundennummer: _____
11. Firma/Kurzbezeichnung: _____
12. Plz./Ort: _____
13. Produkte/Leistungen: _____
14. Bedarfsart und -umfang: _____
15. Anzahl der bisherigen Besuche: _____
16. Gesprächspartner/Stelle: _____
17. Gesprächspartner/Stelle: _____
18. Besuchsergebnis: _____

19. Vereinbarung/en _____

20. Veranlassungen: _____

21. Weiterführung: _____

22. Lob/Kritik an Produkt: _____

23. Lob/Kritik an uns: _____

24. Lob/Kritik an Wettbewerbern: _____

Ein Hinweis: Doppelerfassungen sind unwirtschaftlich. Deshalb kann die Besuchsdokumentation auf alle Details verzichten, die bereits im Kundenstammsatz enthalten sind.

Abbildung 16: Formular Besuchsdokumentation

9.3 Angebotsverfolgung systematisieren

Müssen Sie noch mit abschlussverhindernden Innendienst-Angeboten arbeiten? Dann sind Sie zu bedauern. Sie können nicht durchverkaufen. Sie haben Ihren möglichen Kunden überzeugt, er will abschließen, und dann können Sie nicht abschließen. Sie können Ihrem Kunden nur sagen, dass er in den nächsten Tagen ein Angebot erhalten wird. Wenn Sie Pech haben, dauert die Erstellung 14 Tage oder auch drei Wochen. Inzwischen kühlt sich die Kaufentscheidung des potenziellen Kunden durch Überlagerung aktueller Probleme merklich ab, bis er nicht mehr genau weiß, warum er Ihre Produkte eigentlich kaufen wollte.

Tipp 185: Erstellen Sie Angebote vor Ort beim Kunden

Die Ausstattung einer Außendienstorganisation mit Laptops ist heute eine Selbstverständlichkeit. Deshalb können Sie am Ende des Verkaufsgesprächs direkt ein Angebot erstellen und dem Kunden per E-Mail schicken. Sie sparen damit Zeit und „schmieden das Eisen, so lange es heiß ist".

Für den Fall, dass Sie für ein Angebot Daten aus Ihrer Zentrale benötigen, haben Sie sicherlich über Internet/Intranet Zugriff.

Eine weitere Schwachstelle im Angebots(un)wesen ist der Versand der Angebote per Post. Dieser Weg wird gern von sehr „edlen" Organisationen gewählt, damit der Kunde sich nicht bedrängt fühlt. Die Zeitverzögerung und der Versand per Post sorgen dafür, dass etwa 75 Prozent aller Angebote nicht zum Abschluss führen.

Tipp 186: Übergeben Sie Angebote persönlich

Wenn Sie das Angebot nicht direkt im Kundengespräch abgeben können, wenn der Kunde das Angebot also später per E-Mail oder Post erhält, kommt der gefährlichste Augenblick. Der Kunde trifft seine Entscheidung allein – wenn es irgendwie möglich ist, sollten Sie das Angebot persönlich bringen oder dabei sein, wenn er es erhält.

Tipp 187: Verfolgen Sie Angebote aktiv

Ob Sie nun in allen Fällen oder nur in Ausnahmefällen mit Innendienst-Angeboten arbeiten, eines ist ganz sicher: Sie müssen die abgegebenen Angebote aktiv verfolgen. In der Nachangebotsphase darf der Abschlussdruck nicht nachlassen; er muss zunehmen. Das nachstehende Dateischema kann Ihnen dabei helfen.

Angebotsverfolgung

01. Firma:	05. Produkt: . . . .
02. Kundennr.:	06. Angebotsabg.: . . . .
03. Klassifikation:	07: Angebotsnr.: . . . .
04. Umsatzerwartung:	08. Koop.-Partner: . . . .

1	2	3	4	5	6
Datum	Kontaktpartner	Tel.	Brief	Besuch	Ergebnis

Notizen:

Wiedervorlage:

Abbildung 17: Formular Angebotsverfolgung

9.4 Cross-Selling aktivieren

Unter Cross-Selling verstehen wir den zusätzlichen Verkauf von Produkten/Leistungen an bereits gewonnene Kunden. Voraussetzung ist selbstverständlich, dass diese Produkte oder Leistungen für den Kunden sinnvoll sind. Die Hemmung, Leistungen im Cross-Selling anzubieten, entsteht durch eine unbewusste Fehleinschätzung. Sicher, wir wollen verkaufen, aber wir gehen insgeheim davon aus, dass dies nur zu unserem Vorteil sei. Wir wollen die Vertrauensbeziehung zu unseren Kunden nicht durch Egoismen gefährden und nutzen unsere persönlichen Kontakte zu unseren Kunden nicht oder nur gelegentlich zum

Cross-Selling. *Beispiel:* Im Coaching erlebte ich einen Kunden, der dem Verkäufer sagte: „Herr X, wir kennen uns doch nun schon seit Jahren. Aber ich musste erst auf der Messe entdecken, dass Sie auch hervorragende Notstromaggregate liefern. Warum haben Sie mich eigentlich nie darauf aufmerksam gemacht?"

Mit einer gesunden Portion mentaler Kondition sollten Sie wissen, dass Ihre Abschlüsse für Ihre Kunden durchaus von großem Nutzen sind. Aus dieser Überlegung heraus ist es nicht nur Ihr Recht, Ihren Kunden weitere Leistungen anzubieten; es ist Ihre Pflicht, wenn Sie einen Bedarf erkennen. Mit dieser Überzeugung fällt es nicht schwer, Cross-Selling systematisch zu aktivieren. Und so gehen Sie vor:

---

1. Selektion

1.1 Auflistung der Kunden, mit denen Sie gute Kontakte unterhalten.

1.2 Welche dieser Kunden haben vermutlich einen Bedarf, den Sie mit zusätzlichen Leistungen decken können?

2. Reiseplanung

2.1 Welche der ermittelten Kunden kann ich in die Reiseplanung der nächsten Woche (der nächsten 14 Tage) einbauen?

2.2 Welchen der ermittelten Kunden will ich „exklusiv" besuchen?

3. Organisation

3.1 Besuchsvorbereitungen erarbeiten.

3.2 Telefonische Terminvereinbarungen treffen.

4. Argumentation

4.1 Eröffnungsstandards entwickeln. *Beispiel:* „Herr X, ich möchte nicht, dass Sie mir später einmal böse sind und mir vorwerfen, ich hätte Sie nicht richtig beraten. Deshalb: Sagen Sie, wie haben Sie eigentlich das Problem der Endkontrolle gelöst?"

4.2 Fragenkatalog anlegen. *Beispiele:* „Welchen Stellenwert hat die Frage der Energiekostensenkung in der Produktion?" „Glauben Sie nicht, dass Sie sich durch Sortimentsverbreiterung neue Zielgruppen erschließen können?"

4.3 Anlage von Argumenten (Argumentekatalog).

4.4 Vorbereitung auf wahrscheinliche Einwände.

Tipp 188: Systematisieren Sie Ihr Cross-Selling

Wenn Sie Bedarf erkennen, ist es Ihre Pflicht, dem Kunden weitere Produkte oder Leistungen anzubieten. Deshalb setzen Sie Cross-Selling, wo immer möglich, nach dem vorstehenden Schema ein.

10. Messearbeit

Messen sind sehr teuer. Zur Standmiete kommen die Kosten für den Stand, die Dekoration, für Drucksachen, Muster, Bewirtungen, Transporte, Reinigung, technische Kommunikation, Energie, zusätzliche Telefonkosten – und selbstverständlich die Reise- und Personalkosten.

Wenn Messen aber so teuer sind, warum beteiligen wir uns dann daran? Hierfür gibt es mehrere Gründe. Auf Messen

- erleben Ihre potenziellen Kunden, wer Sie sind und was Sie können (auch wenn sie schon lange wissen, dass es Sie gibt),

- entwickeln Sie persönliche Kontakte (und im Beratungsverkauf kann die technische Kommunikation persönliche Kontakte ergänzen, aber nicht ersetzen),

- kommen Ihre potenziellen Kunden in sinnlichen Kontakt zu Ihren Produkten, sie können Ihre Produkte sehen und fühlen,

- überzeugen und gewinnen Sie Neukunden,

- aktivieren Sie Cross-Selling,

- überzeugen Sie Kunden Ihrer (potenziellen) Kunden, entwickeln Sie „Sog" und aktivieren den Durchverkauf,

- vertiefen und festigen Sie Ihre Kontakte zu bestehenden Kunden,

- können Sie abgesprungene Altkunden zurückgewinnen und reaktivieren,

- signalisieren Sie der ganzen Branche Ihre Bedeutung.

Dies sind die Gründe, weshalb es vorteilhaft ist, sich trotz der hohen Kosten auf Messen zu präsentieren.

10.1 Messevorbereitung

Die Messevorbereitung ist sicherlich nicht die Aufgabe einzelner Mitarbeiter. Jeder einzelne Mitarbeiter muss aber verstehen, warum die Messearbeit „generalstabsmäßig" geplant sein muss. Deshalb hier stichpunktartig einige Hinweise:

- Wichtige und potenzielle Kunden frühzeitig einladen und ihnen Gratis-Eintrittskarten zuschicken. Kunden fühlen sich herabgesetzt, wenn sie keine Einladung erhalten – und mögliche Kunden kommen vielleicht ohne Einladung nicht.

- Präsentationsschwerpunkte ermitteln und hierfür erforderliche Materialien bereitstellen. Die meisten Unternehmen haben temporäre Produktschwerpunkte. Gerade diese Produkte müssen auf der Messe präsentiert werden (Muster, Abbildungen, überzeugende Texte, Prospekte, Videofilme).

- Standbesatzung zusammenstellen und dabei den erforderlichen „Wachwechsel" berücksichtigen. Müde Mitarbeiter können nicht optimal überzeugen. Auch „Reservisten" sollten eingeplant werden, die bei Abwesenheit (z. B. Krankheit) eines Mitglieds der Stammbesatzung einspringen können.

- Anwesenheitsplanung (Ablösung) erstellen. Die Anwesenheitszeiten sollten schriftlich fixiert allen Mitarbeitern der Standbesatzung und des Bereitschaftsdiensts in der Zentrale ausgehändigt werden. Missverständnisse sind damit ausgeschlossen.

- Message- und Info-Formblätter vorbereiten. Unstrukturierte Zettel führen oft zu Missverständnissen – oder die Informationen sind unvollständig.

- Beschaffung eines Gästebuchs, damit nach der Messe zweifelsfrei festgestellt werden kann, wer Sie auf dem Stand besucht hat, beispielsweise um Kontakte weiterzuentwickeln. Ein Gästebuch ist sehr viel persönlicher als anonyme Besuchsnotizen, entwickelt Interaktion und verschafft Ihnen zusätzliche Informationen.

- Provisionsregelungen für Messeverkäufe oder Messenachverkäufe vereinbaren. Festlegung, wie die Provision verteilt wird, wenn der für das Gebiet (Sitz des Kunden) verantwortliche Verkäufer beschäftigt oder abwesend ist – und ein Kollege einen Abschluss mit diesem Kunden erzielt.

- Ansprechpartner (Bereitschaftsdienst) in der Zentrale oder/und in den Werken bestimmen. Häufig sind Rückfragen dringend erforderlich, die nicht durch Abwesenheit einzelner Mitarbeiter in der Zentrale oder durch Kompetenzrangelei gefährdet werden dürfen.

- Anwesenheitstafel vorbereiten. Diese Tafel soll ausweisen, wer auf dem Stand anwesend oder gerade abwesend ist. Was wollen Sie einem Kunden sagen, der Sie nach Ihrem Kollegen XYZ fragt, wenn Sie nicht ermitteln können, wann XYZ wieder auf dem Stand zu sprechen ist?

- Generalbesprechung mit der Gesamtmannschaft durchführen, damit alle Mitglieder der Standbesatzung über die gleichen Informationen verfügen. Das Servicepersonal, die technischen Berater und der Bereitschaftsdienst der Zentrale sollten einbezogen werden.

- Zwei Laptops oder Notebooks mit Kundenstamm-Dateien und Verlängerungskabeln bereitstellen. Wie wollen Sie erfolgreich mit einem Kunden verhandeln, wenn Sie nicht feststellen können, seit wann der Kunde bei Ihnen welche Produkte zu welchen Preisen kauft?

- Lesbare Namenschilder vorbereiten, die dann auch ausnahmslos zu tragen sind. Es erleichtert die Kontaktbildung, wenn Interessenten Sie mit Namen ansprechen können.

Tipp 189: Die Messevorbereitung zeigt Ihre Professionalität

Eine gründliche Messevorbereitung ist die halbe Miete. Sie hilft Pannen zu vermeiden und trägt maßgeblich zur Professionalität und damit zum Erfolg Ihres Messeauftritts bei. Auch wenn Sie nicht selbst für die einzelnen Punkte der Vorbereitung verantwortlich sind, sollten Sie dennoch im Team darauf achten, dass diese grundlegenden Vorarbeiten erledigt sind.

Tipp 190: Standleitung

Die Standleitung sollte täglich wechseln. Die Aufgabe der Standleitung ist es, den Gesamtablauf im Auge zu behalten, Gäste sofort zu erkennen, für ihren Empfang zu sorgen und Informationen schnell zu vermitteln. Verkäufer können sich nicht mit dem Gesamtablauf befassen, wenn sie sich gerade auf ein Kundengespräch konzentrieren.

Darüber hinaus muss gewährleistet sein, dass alle benötigten Materialien rechtzeitig zur Verfügung stehen:

- Prospekte, Preislisten, Kataloge und die erforderlichen Formblätter. Es nützt herzlich wenig, wenn Sie einem Kunden sagen müssen: „Sicher können Sie zu diesem Gerät einen ausführlichen Prospekt bekommen, allerdings nur in japanisch. Die deutschsprachigen Prospekte sind leider vergriffen."

- „Flyer" (Billigprospekt) für „Sehleute". Warum sollten Sie ständig Ihre teuren Prospekte an „Niekunden" verteilen?
- Telefon, Fax und E-Mail am Stand. Alle Mitarbeiter müssen während der Messezeiten kommunizieren können und zuverlässig erreichbar sein.
- Koffer mit Büromaterial und Stand-Kopierer.
- „Apotheke". Vielleicht braucht irgendwer plötzlich (manchmal auch Kunden) schnelle Hilfe.

Viele Interessenten beschäftigen sich nach dem Messebesuch mit den Objekten, für die sie sich auf der Messe interessiert haben. Sie werten aus. Hierfür dienen die unterschiedlichen Drucksachen. Drucksachen setzen das geführte Gespräch fort und vertiefen es. Häufig nutzen Interessenten auch diese Drucksachen zur Überzeugung von Entscheidungsträgern. Deshalb muss das Drucksachenangebot präzise organisiert sein. Darauf hatten wir bereits hingewiesen.

Oft sind gerade die wichtigsten Prospekte ausgegangen. Es dauert dann oft viele Stunden, bis „Nachschub" da ist. Die erforderliche Menge ist nach den Erfahrungen der letzten Jahre auf den prognostizierten Besucherdurchlauf ausgerichtet.

Tipp 191: Sie brauchen unterschiedliche Drucksachen für unterschiedliche Aufgaben

Sehr oft können Sie auf die Abgabe teurer, detailliert und umfangreich gestalteter Prospekte verzichten und einen kurz gehaltenen Flyer überreichen. Wenn andere sagen, Ihr Produkt sei hervorragend, dann ist das viel wirksamer als Ihre eigene Aussage. Deshalb bewirken Nachdrucke von Presseveröffentlichungen oft Wunder.

Tipp 192: Vermeiden Sie die Suche nach Drucksachen am Stand

Drucksachen sollten in den zu erwartenden Sprachen griffbereit geordnet sein, denn Suchprozesse unterbrechen den Überzeugungsprozess. Darum sollten die Drucksachen in Regalen, Prospektständern oder Take-boards übersichtlich bereitgehalten werden. Sammelmappen, in die Ihre Prospekte eingelegt werden, beschleunigen die Zusammenstellung. Doch Interessenten sollen sich später nicht nur an Ihre Firma und an Ihre Produkte erinnern, sondern auch an Sie persönlich. Deshalb sind den Prospekten Visitenkarten beizufügen.

173

Tipp 193: Die Ausstattung am Stand muss stimmen

Ohne technische Ausstattung und aussagekräftige Materialien wirkt Ihr Messeauftritt laienhaft. Lassen Sie sich die Chance nicht entgehen, Ihre (potenziellen) Kunden von Ihrer Professionalität zu überzeugen. Dazu gehört auch, dass alles zur rechten Zeit am rechten Ort ist. Schließlich sind Messetermine keine Geheimnisse.

10.2 Aufgaben auf dem Messestand

Die Messearbeit ist auf sehr vielen Ständen schlecht organisiert. Kunden werden nicht wahrgenommen und nicht begrüßt. Echte Interessenten und „Sehleute" werden nicht unterschieden – und viele wertvolle Chancen werden nicht genutzt. Die Ursache ist zumeist eine nur unscharfe Aufgabenverteilung. Deshalb sollten wir die Aufgaben auf dem Messestand nach ihrer Dominanz unterscheiden, unmissverständlich definieren und verteilen.

Aufgaben mit Verkaufsdominanz:

- Unternehmen präsentieren
- Produkte präsentieren
- Projekte ermitteln
- Neukunden gewinnen
- Kundenkontakte vertiefen
- Altkunden reaktivieren
- Abschlüsse tätigen
- Cross-Selling

Aufgaben mit Servicedominanz:

- Sehleute erkennen
- Besucher „einfangen"
- Kunden empfangen
- Kunden identifizieren
- Kundenkontakte festigen
- Besucher beschäftigen
- Bewirtungen
- Potenzielle Kunden weiterleiten
- Informationen sammeln und zuordnen
- Attendance-list pflegen

- Bürovorhaltung
- Drucksachenlogistik

Eine Messebeteiligung ist weitgehend sinnlos, wenn das Standpersonal mit Kunden und möglichen Kunden nicht kommunizieren kann. Es ist auch keineswegs so, dass beispielsweise alle italienischen, spanischen oder französischen Interessenten Englisch sprechen. Viele von uns sprechen zwar Englisch, aber nicht gut genug, um sich in den Feinheiten der Sprache sicher zu bewegen. Rechtzeitig vor der Messeeröffnung ist organisatorisch sicherzustellen, welche Sprachen auf dem Messestand präsent sein müssen.

Manchmal kommen Kunden oder Interessenten auf den Stand und fragen nach einem bestimmten Kollegen. Diese Kunden und Interessenten müssen sichere Auskunft darüber erhalten,

- ob der gesuchte Mitarbeiter überhaupt zur Standbesatzung gehört,
- ob er gerade auf dem Stand ist,
- wann er auf dem Stand zu sprechen ist,
- was er unternehmen wird, um den Kunden/Interessenten zu sprechen.

Tipp 194: Nutzen Sie Anwesenheitstafel und Briefkasten

Aus der Anwesenheitstafel muss ersichtlich sein, wer zur Standbesetzung gehört und wer nicht, ob er anwesend ist und wann er im Fall einer Abwesenheit wieder auf dem Stand erwartet wird. In jedem Fall ist zu ermitteln und schriftlich zu dokumentieren, wer wen wann und warum sprechen wollte. Diese Nachricht kommt in den „Briefkasten" des betreffenden Mitarbeiters. Besonders zweckmäßig ist es, die Anwesenheitstafel mit den Briefkästen zu kombinieren.

Nicht allen Besuchern am Stand können Sie mit der gleichen Aufmerksamkeit begegnen. Deshalb ist es wichtig, Sehleute von Kunden und Interessenten zu unterscheiden. Dazu gehört einige Erfahrung – und die „letzte Sicherheit" gibt es nicht. Dennoch „senden" Standbesucher eine Anzahl bestimmter Signale, die eine Klassifizierung in vielen Fällen ermöglichen:

Sehleute:

- Gang, Bewegung: zögerlich, schlendernd, ziellos
- Mimik: ausdruckslos bis beobachtend
- Alter, Erscheinungsbild: untypisch für Ihre (potenziellen) Kunden

- Ausstattung: eine oder mehrere Plastiktüten (Prospektsammler)
- Auftritt: zumeist in Gruppen, nur sehr selten allein
- Wenn Sie sich auf Ihrem Stand bewegen: Sehleute betrachten die verschiedenen Objekte mit gleichem Interesse

Kunden/potenzielle Kunden:

- Gang, Bewegung: zielstrebig und suchend
- Mimik: konzentriert
- Alter, Erscheinungsbild: entspricht Ihren Kunden und „echten" Interessenten
- Auftritt: zumeist einzeln oder zu zweit, Aktenkoffer oder Mappen
- Wenn Sie sich auf Ihrem Stand bewegen: suchen Blickkontakt, sprechen Sie an oder suchen bestimmte Objekte

Sehleute „stehlen" Ihnen kostbare Zeit. Deshalb sollten Sie Ihre Aktivitäten auf Kunden und Interessenten konzentrieren. Dennoch müssen Sie auch mit Sehleuten freundlich, höflich und mit Hinwendung umgehen. Sehr leicht kann es passieren, dass ein „Sehmann" indirekten Einfluss auf die Kaufentscheidung hat.

Dennoch müssen Sie zwischen Sehleuten und Kunden unterscheiden. Denn Ihre Kunden haben gelernt, dass sie für Sie wichtig sind. Der Kunde, der Sie am Stand besuchen möchte, ist es gewohnt, von Ihnen zuvorkommend behandelt zu werden. Nun sieht er Sie am Stand, Sie sind aber gerade im Gespräch mit einem anderen Interessenten. Hilflos steht er herum und fühlt sich herabgesetzt. Hier bieten sich mehrere Möglichkeiten an:

- Sie sagen Ihrem Interessenten: „Entschuldigen Sie bitte eine Sekunde" und dem eingetroffenen Kunden: „Guten Morgen, Herr XYZ, bitte nehmen Sie Platz. Ich bin gleich für Sie da". Dann widmen Sie sich wieder dem Interessenten.

- Ein Servicemitarbeiter empfängt den eingetroffenen Kunden, begrüßt ihn und erklärt ihm, dass Sie gleich für ihn da sein werden. Dieser Mitarbeiter bittet den Kunden, Platz zu nehmen, bewirtet ihn und klärt schon einmal den Grund seines Besuchs. Die Antworten dienen als Vorinformation.

- Auch Ihre Vorgesetzten können hier wirksam helfen. Sie spielen „Lückenbüßer", gehen auf den eingetroffenen Kunden zu, begrüßen ihn und sagen zum Beispiel: „Guten Tag, Herr X, mein Name ist Y. Ich freue mich, Sie bei dieser Gelegenheit kennen zu lernen." Die nun gewonnene Zeit nutzen Sie für das Gespräch mit Ihrem Interessenten.

Diese Möglichkeiten sind auch in Kombinationen denkbar.

> **Tipp 195: Auch wenn Sie keine Zeit haben, müssen Ihre Kundenbetreut werden**
>
> Der wartende Interessent ist grundsätzlich mit Gesprächen, Prospekten, Katalogen oder Bewirtung zu beschäftigen. Unter gar keinen Umständen dürfen Sie es geschehen lassen, dass ein Kunde oder potenzieller Kunde verärgert Ihren Stand verlässt, weil sich niemand angemessen um ihn gekümmert hat.

Kunden werden bei Messen nicht vernachlässigt, weil man nicht an ihnen interessiert ist oder einfach zu bequem ist. Es passiert, weil man überlastet ist und weil die Kundenführung auf vielen Ständen nicht organisiert ist. Kunden scheinen sich zu verabreden. Noch um 10 Uhr war kein Gast in Sicht, und schon um 10.30 Uhr herrscht Hochbetrieb. Mit der zweistufigen Gästeführung entgehen Sie diesem Dilemma.

1. Stufe (Serviceaufgabe):

- Ständige Standbeobachtung und Wahrnehmung eintreffender Gäste
- Sehleute erkennen und schnell, aber freundlich behandeln
- Begrüßung des Gastes, zum Beispiel: „Was kann ich für Sie tun?"
- Platz anbieten, Vorinformation einholen, eventuell bewirten
- Verkäufer oder gewünschte Person informieren
- Informationsmaterial zusammenstellen
- Zeitüberbrückend unterhalten

2. Stufe (Verkaufsaufgabe):

- Übernahme des Gastes
- Smalltalk führen
- Ermittlung des Ist-Zustands
- Ermittlung des Soll-Zustands
- Angebot der Problemlösung
- Beweisführung
- Auslösung einer Handlung
- Verabschiedung

Tipp 196: Nutzen Sie die zweistufige Gästeführung

Die vorrangigste Messesünde ist es, Gäste sich selbst zu überlassen, ihre Aktivitäten nicht zu steuern, nicht zu erfahren, was sie eigentlich wollten – bis sie schließlich resignierend den Stand ohne jede Beachtung verlassen. Deshalb ist die zweistufige Gästeführung der effektivste Weg, um Ihre Kundenbetreuung zu organisieren.

Unangenehm ist es, wenn ein Ihnen durchaus bekannter Kunde ohne Vorankündigung auch noch anders als sonst gekleidet auf dem Messestand erscheint, und Ihnen will der Name partout nicht einfallen. Der eigene Name ist aber für einen Menschen das wichtigste Wort. Wenn Sie sich an seinen Namen nicht erinnern können, muss er den Eindruck haben, dass er für Sie ohne Bedeutung ist – und dass Ihre persönliche Hinwendung im Rahmen Ihrer früheren Besuche in seinem Unternehmen nur vorgetäuscht war.

Tipp 197: So identifizieren Sie Ihre Kunden

- Vor der Messe gehen Sie die Liste Ihrer persönlichen Kunden (die Sie kennen oder kennen müssten) durch. Im Zweifelsfall sichten Sie die entsprechenden Besuchsberichte.

- Als sehr wirksam erweist sich auch in diesem Fall die zweistufige Gästeführung. Ihr Servicekollege kümmert sich zunächst um den Besucher und erklärt: „Ich werde Herrn X sofort Bescheid geben, dass Sie da sind. Darf ich Ihren Namen wissen?" Anschließend sagt er Ihnen, wer Sie erwartet.

- Sie sichten kurz die Liste der Kunden, die Sie eingeladen haben und kennen müssen. Das Erscheinungsbild des Kunden verbindet sich in vielen Fällen schnell mit dem gelesenen Namen (Assoziation).

- Ein Servicekollege wendet sich an den Besucher, begrüßt ihn und sagt: „Ich führe unsere Gästeliste. Darf ich Sie deshalb um Ihren Namen bitten?

- Begrüßen Sie den Kunden herzlich und sagen Sie ihm: „Ich werde Ihnen gleich eine sehr interessante Neuentwicklung zeigen. Darf ich Sie zunächst aber bitten, sich in unser Gästebuch einzutragen?"

Informationen, die Sie auf der Messe über potenzielle Kunden und Interessenten erhalten, müssen schnell und systematisch verwertet werden. Früher sammelte man auf Messen Namen, Firmierungen, Zusagen und Anforderungen. Dieses Material wurde dann in den auf eine Messe folgenden Wochen aufgearbeitet. Diese Zeiten sind lange vorbei. So mancher Kunde erwartet heute, dass er womöglich schon ein Angebot vorfindet, wenn er von der Messe zurückkommt.

Tipp 198: Erfassen Sie Daten und Fakten schnell und fehlerfrei

Organisatorisch muss sichergestellt sein, dass auf Info-Formblättern alle Daten und Fakten aus Anfragen, Zusagen und geplanten Aktivitäten erfasst werden. Über jeden Kontakt mit Kunden und „echten" Interessenten ist eine Info anzulegen (Firma, Adresse, Telefon/Fax, Gegenstand, Name, Rang/Stellung, Interessen, Objekte, Wettbewerb, Anfrage, zweckmäßige Aktivitäten).

Information

01. Gespräch am	15. potenzieller Kunde ❏
02. Uhrzeit:	16. Kunde ❏
03. von Herrn/Frau	17. früherer Kunde ❏
04. (Visitenkarte) ❏	18. Endkunde ❏
05. mit Herrn/Frau	19. Multiplikator ❏
06. Stellung:	20. A = große Bedeutung ❏
07. von Firma:	21. B = mittlere Bedeutung ❏
....	22. C = geringe Bedeutung ❏
....	23. Wettbewerbskontakt ❏
08. Kundennr.:	24. Wettbewerber ....
09. Art der Fa.:	25. ist interessiert an ....
10. Str./Hsnr.:	....
11. Plz./Ort:	26. hat erhalten ....
12. Telefon:	....
13. Fax:	27. erwartet ....
14. E-Mail:	....
....	....
(Zeichen/Messearbeit)	(Zeichen/Nacharbeit)

Abbildung 18: Info-Formblatt

Die erfassten Daten und Fakten werden gesammelt, quantifiziert, zugeordnet und bearbeitet. Der Messestand ist mit Telefon, Fax, Laptop (online zum Hauptrechner) und Bürokopierer ausgestattet. Die Mehrzahl der erforderlichen Aktivitäten wird bereits während der Messe eingeleitet. Mit Schnelligkeit und Zuverlässigkeiten beweisen Sie, dass Sie besser sind als andere – und können das „Eisen schmieden, solange es heiß ist".

Mit Message-Formblättern informieren Sie Mitglieder der Standmannschaft, die gerade abwesend oder im Kundengespräch unabkömmlich sind, über Besucher und ihre Anliegen.

Message	
für:	. . . .
von:	. . . .
Datum:	. . . .
Uhrzeit:	. . . .
Herr/Frau:	. . . .
von Firma:	. . . .
Rang/Stellung:	. . . .
war hier	❏
kommt am . . . . um . . . . Uhr	
hat angerufen	❏
erwartet Rückruf	❏
ruft wieder an	❏
wollte Sie sprechen	❏
interessiert sich für	. . . .
	. . . .
Ich habe nichts zugesagt	❏
Ich habe ihm/ihr zugesagt	. . . .
	. . . .
Zusatzinfo:	. . . .
	. . . .
. . . .	
(Unterschrift)	

Abbildung 19: Message-Formblatt

Auch für die allgemeine innerbetriebliche Information sind Message-Formblätter sehr zweckmäßig. Wie schnell wird im Trubel der Messe eine wichtige Nachricht vergessen, unvollständig oder fehlerhaft weitergegeben. Kunden haben häufig kein Verständnis für Informationspannen. Sie fühlen sich persönlich abgewertet, wenn zugesagte Reaktionen ausbleiben.

Message-Formblätter verhindern auch, dass Sie sich ausführlich und aufwändig mit Kollegen austauschen und Ihre Kunden unbetreut am Messestand warten lassen müssen. Eine für Verkäufer quälende Szene haben wir häufig im Film und im Fernsehen erlebt: Ein Kunde betritt ein Geschäft und möchte gern bedient werden. Er kann aber nichts kaufen, weil Verkäufer sich miteinander unterhalten. Genau dies passiert häufig auch auf Messeständen. Sicherlich müssen sich Mitarbeiter auf dem Stand gegenseitig informieren. Dies aber sollte nach bestimmten „Spielregeln" erfolgen: Die Informationsdauer sollte ca. 20 Sekunden nicht überschreiten, wenn Interessenten und Kunden auf dem Stand sind oder an den Stand kommen.

Das Gespräch mit Kollegen dient aber auch der Erholung. Messearbeit ist Schwerstarbeit, denn die ununterbrochene Konzentration, das ständige Reden und Stehen, die wechselnden Personen und Gesprächssituationen fordern ihren Tribut. Übermüdete, überanstrengte Mitarbeiter sind aber intelligenten, ausgeruhten Gesprächspartnern oft nicht gewachsen – und machen Fehler. Besonders negativ: Standpersonal rekelt sich langgestreckt auf Besuchersesseln und macht vielleicht auch noch Witze über vorübergehende Besucher. Deshalb sollten Sie von Zeit zu Zeit gezielt relaxen. Dabei ist allerdings Folgendes zu beachten:

- Relaxen Sie organisiert und nicht „nebenbei" im Gespräch mit Ihren Kollegen am Stand.

- Vorteilhaft ist eine Einteilung des Messepersonals in Pausengruppen. Eine Pausenlänge von 15 Minuten, zum Beispiel vormittags und nachmittags, nach jeweils 120 Minuten Standarbeit ist angemessen. Die Mittagspause sollte mindestens 30 Minuten betragen.

- Relaxen Sie nie in Besuchersicht. Gäste könnten annehmen, Sie hätten nichts zu tun, seien also nicht gefragt. Entweder bietet der Stand eine geschlossene „Messekoje" oder Sie relaxen an einem anderen Ort. Geeignete Orte zum Relaxen sind Messerestaurants und Messecafés. Noch besser: Suchen Sie sich einen Ruheplatz an der frischen

Luft. Viele Hallen verfügen nur über einen sehr schwachen Luftaustausch.

10.3 Der Umgang mit Wettbewerbern

Sie müssen wissen, wie sich Ihre Wettbewerber präsentieren und was sie vorstellen. Ihren Wettbewerbern geht es nicht anders. Auch sie möchten sehen, wo Ihr Unternehmen seine Schwerpunkte setzt. Und hierfür bietet eine Messe eine gute Gelegenheit.

Tipp 199: So holen Sie Informationen über Wettbewerber ein

Hier gibt es zwei Möglichkeiten: Sie gehen freundlich lächelnd auf den Stand des Wettbewerbers, begrüßen anwesende Mitarbeiter, stellen sich vor und sehen sich interessiert um. Ein paar neugierige Fragen werden zumeist willig beantwortet. Oder Sie holen die Information verdeckt ein. Sie schicken einen Kollegen, den die Wettbewerber nicht kennen können. Dieser Interessent nimmt Informationen zur Präsentation, zu Produkten und zur Besucherdichte auf und gibt sie an Sie weiter. Auch hier sind die Message-Blätter einzusetzen.

Tipp 200: So gehen Sie mit Wettbewerbern auf Ihrem Stand um

Wettbewerber, die Sie am Stand besuchen, sollten Sie freundlich und kollegial behandeln. Ein kurzes „Schwätzchen" kann nicht schaden. Dennoch sollten Sie die Verweildauer kurz halten. Es ist nicht unbedingt vorteilhaft, wenn der Wettbewerber seinen zukünftigen Kunden ausgerechnet auf Ihrem Stand kennen lernt.

10.4 Messenachbereitung

Im Marketing unserer Tage ist Schnelligkeit ein wesentlicher Faktor. Sie müssen schneller sein als andere. Die Zeit des „gemütlichen" Aufarbeitens nach der Messe ist vorbei. Deshalb beginnt die Messeaufarbeitung schon während der Messe. Zentrale und Standbesatzung müssen deshalb „eingespielt" zusammenarbeiten. Bereits während der Messe versuchen Sie, alle auflaufenden Anfragen, Kontakte, Angebotszusagen und dergleichen zu bearbeiten. Dies wird aber nicht in allen Fällen gelingen. Deshalb: Eine Messe verlangt schnelle und präzise Nacharbeit. Hierbei ist zu beachten:

- Der Verkaufsaußendienst und die beratenden Techniker können nach der Messe nicht direkt zum üblichen Alltag übergehen und die gesamte Nacharbeit dem Innendienst überlassen. Deshalb sind Arbeitsgruppen zu bilden, die Nacharbeit leisten.

- Die Grundlage für die Nacharbeit sind die ausgefüllten Info-Formblätter und die Message-Notizen. Sie gewährleisten Sicherheit, denn unser Gedächtnis ist oft trügerisch.

- Die Arbeitsgruppe kann zum Beispiel Neukontakte durch Telefonate festigen. *Beispiel:* „Genügen Ihnen die Einzelwerte oder sollen wir gleich XYZ beilegen?" Die Arbeitsgruppe wird auch aufgelaufene Anfragen schriftlich beantworten. Sie wird Angebote erstellen, Reklamationen entgegennehmen und dabei auch Maßnahmen zur Qualitätssicherung einleiten.

- Jede Bearbeitung wird auf den Info-Formblättern bestätigt, und die Blätter werden zum Abschluss statistisch erfasst. Nach der Messe müssen Sie dann auch mit verstärkter Reisetätigkeit rechnen.

11. Anhang

11.1 Ablaufdiagramm des Verkaufsprozesses

Mit diesem Ablaufdiagramm erhalten Sie eine Übersicht über den gesamten Verkaufsprozess von der Besuchsvorbereitung bis zur Abschlussphase. Das Diagramm kann Ihnen als Leitfaden dienen. Doch Sonderentwicklungen können Sie manchmal zwingen, den „geraden" Weg zu verlassen, um unplanbare Problemstellungen aufzuarbeiten. Aber Sie wissen dann immer, wo Sie „stehen" und können deshalb in die Sicherheit der Struktur zurückkehren.

1. Besuchsvorbereitung
1.1 Selektion: Welchen Kunden wann besuchen? Entscheidung nach Kundenklassifikation und Besuchsplanung.
1.2 Vorinformation zur Firma, Branche, zur Abnehmerbranche, zum Gesprächspartner und zur Vorgeschichte.
1.3 Inhaltliche Vorbereitung, wahrscheinliche Problemstellung, Argumentesammlung, Einwandliste, Besuchsziele definieren.
1.4 Kontaktankündigungsschreiben erstellen und versenden (wenn zweckmäßig).
2. Telefonisches Vorgespräch
2.1 Sekretärin „überwinden" – durch Komplikationsformel und „Anruf wird erwartet, Korrespondenz liegt vor".
2.2 Begrüßung des Ansprechpartners mit Vorstellung.
2.3 Anlass: Warum der Anruf (warum nicht letztes oder nächstes Jahr)?

184

2.4 Ködersatz (neugierig machen). Das Problem ansprechen, Info anbieten – aber nicht die Problemlösung. Produkte nennen. „Ich möchte Sie gern über neue Möglichkeiten informieren, wie Sie heute ...".

2.5 Einwandblockade: Nicht auf Sachdiskussion einlassen. Kontern mit: „Gerade darüber möchte ich mit Ihnen sprechen!" oder „Genau darüber möchte ich Sie informieren". – Dann ohne Pause ...

2.6 Alternativtermin anbieten: „Passt es Ihnen am ... um ... Uhr – oder besser am ... um ... Uhr?" Die Alternativfrage lenkt von der Frage „Warum überhaupt?" ab.

2.7 Wenn Vertagung zwingend (Messe, Urlaub): Direkt Termin vereinbaren. Sonst müssen Sie später wieder neu beginnen. Ersatzweise ein zweites Telefonat vorschlagen.

3. Das Eröffnungsspiel

3.1 Begrüßung des Ansprechpartners.

3.2 Kurze Vorstellung: Information zur Person und zur Gesellschaft.

3.3 Smalltalk-Themen: Branchenentwicklung, Marktentwicklung, Kundenfirma, Referenzen. Das Thema sollte einen mühelosen Übergang zum Sachthema bieten.

3.4 Bedarfsermittlung/Ist-Zustand: Was macht der Kunde, in welchem Umfang, warum und wie? Themen: Firma, Größe, Abnehmerbranchen, Kundenstruktur.

3.5 Bedarfsermittlung/Soll-Zustand: Welche Pläne hat der Kunde, und was kann er wie erreichen? Themen: neue Produkte, neue Märkte. Dieser Sollzustand ist sehr wertvoll, weil es sich hier um Details handelt, die der Kunde noch nicht erfahren hat.

185

3.6 Wendepunkt des Gesprächs: „Sehen Sie, und genau dabei können wir Ihnen helfen". Oder: „Und dabei sind wir genau der richtige Partner für Sie!"

4. Das Mittelspiel

4.1 Vorstellung der Produkte als Problemlösung, individuelle Varianten, Nutzendiskussion.

|

4.2 Die Beweisführung, Argumente, Behandlung von Einwänden.

|

4.3 Zweiter Wendepunkt des Gesprächs: Alles ist gefragt, alles ist gesagt, alle Einwände sind (scheinbar) ausgeräumt. An dieser Stelle endet der Erstbesuch, wenn Sie wegen Angebotserstellung nicht durchakquirieren können.

5. Das Endspiel

5.1 Nicht zögern, Druck erhöhen. Ein „Nein" ist besser als ein „Jein". Deshalb: „So, ich glaube, wir haben nun alles geklärt."
(Ankündigung der Abschlussphase)

|

5.2 Kardinalfrage (alternativ): „Ab wann wollen wir unsere Zusammenarbeit beginnen? Ab ... oder ab ...". Oder: „Beginnen wir mal mit den X-Produkten oder mit YZ?"

Wenn der Gesprächspartner auf die Alternative eingeht, hat er „ja" gesagt. Dann haben Sie den Erstauftrag.

|

5.3 Wenn der Kunde die Alternative nicht annimmt: „Nein, nein, soweit sind wir noch nicht!" – Dann fragen Sie erstaunt: „Was ist denn noch offen?"

|

5.4 Der Kunde formuliert nun das wichtigste Hemmnis.

|

5.5 Klappe-zu-Technik: „Gut, dass Sie diesen wichtigen Punkt noch einmal ansprechen. Wir müssen ihn sorgfältig behandeln. Ich darf doch aber davon ausgehen, dass wir in allen anderen Punkten Einigung erzielt haben, nicht wahr?" In nahezu allen Fällen wird der Kunde zustimmen, weil ihm nichts mehr einfällt.

186

5.6 Behandlung des Schlusseinwands.
5.7 Beweisführung abschließen und weiter zum Abschluss führen: „Ja, dann sollten wir nun ...“
5.8 **A u f t r a g**

11.2 Theoretische Grundlage des Psychogramms und Bewertung der Dominanzen

Das F&P-Psychogramm beruht auf Arbeiten von Prof. MacLean (Direktor des Institutes für Hirn- und Verhaltensforschung, Bethesda/USA). Der Test wurde von F&P modifiziert und auf die besonderen Anforderungen des Verkaufs ausgerichtet.

Der Mensch verfügt über drei Hirnteile: das Stammhirn, das Zwischenhirn und das Großhirn. Prof. MacLean bewertet diese Hirnteile entwicklungsgeschichtlich. Seine These: Das älteste Hirn des Menschen ist das Stammhirn. Es diente (und dient) der Arterhaltung, der Selbsterhaltung und damit dem Sozialverhalten – und der Funktion physiologischer Abläufe. Es hat die Erfahrungen aus Millionen Jahren gespeichert und deshalb Zugriff auf die Vergangenheit.

Als Nächstes entwickelte sich das Zwischenhirn. Der Mensch lernte, in Bruchteilen von Sekunden zu reagieren, zur Abwendung von Gefahren und zur Wahrnehmung von Vorteilen. Das Zwischenhirn beherrscht deshalb die Gegenwart. Es kennzeichnet den „Machertypus“.

Das jüngste Hirn des Menschen ist das Großhirn. Es verfügt über die Fähigkeit zu abstrahieren und kann deshalb Wertigkeiten einschätzen und entwickeln, die noch nicht sind oder nie sein werden. Es ist das Hirn für Planung und Strukturierung – und hat Zugriff auf die Zukunft.

Prof. MacLean geht davon aus, dass die Bedeutung der einzelnen Hirnteile bei den meisten Menschen nicht proportional gleichmäßig verteilt ist. Das heißt, es gibt Menschen mit Stammhirn-, Zwischenhirn- und Großhirn-Dominanzen. Daraus ergeben sich Stärken (Chancen) und Schwächen einzelner Menschen. In unserem Test bezeichnen wir Stammhirnausprägungen mit „S", Zwischenhirnausprägungen mit „Z" und Großhirnausprägungen mit „G". Wenn Ihr Test zum Beispiel mehr S-Kreuze als Z- oder G-Kreuze ausweist, verfügen Sie über eine Stammhirndominanz.

Bewertung der Dominanzen

S-Dominanz

Dominanz der Stammhirn-Funktion. Sie haben Bedürfnis nach Kontakt. Sie fühlen sich wohl unter Menschen, und die Kontaktaufnahme mit Menschen fällt Ihnen sehr leicht. Ihre menschliche Wärme und Ihr Interesse an anderen machen Sie sympathisch. Die Menschen registrieren, dass Sie anderen Gefallen erweisen, ohne gleich den Nutzen im Auge zu haben. Es fällt Ihnen darum leicht, Freunde zu gewinnen.

Sie orientieren sich gern an der Vergangenheit – also auch an Ihren Erfahrungen. Dies gibt Ihnen persönliche Sicherheit. Sie verfügen über „Fingerspitzengefühl" und über Spürsinn.

Diese Kombination ist für einen Verkäufer „Gold" wert, weil ihm die Basis des Verkaufens leicht fällt: die Vertrauensgewinnung.

Die Gefahr dieser Dominanz: Geben Sie Acht, dass Sie nicht zu lange an Vergangenheitswerten festhalten. Erfahrungen sagen oft nur, was gestern richtig war. Erfahrungen führen zu Fehlbeurteilungen, wenn sich die Umfeldbedingungen verändert haben, und diese Bedingungen ändern sich ständig.

Eine weitere Gefahr: Achten Sie darauf, dass andere Ihre hilfsbereite und entgegenkommende Art nicht ausnutzen.

Z-Dominanz

Dominanz der Zwischenhirnfunktion. Sie verfügen über den Willen und die Fähigkeit, sich durchzusetzen. Sie streben nach Überlegenheit. In gefährlichen Situationen sind Sie anderen ein Vorbild, weil Sie blitzschnell reagieren, wenn es gilt, Gefahren abzuwenden oder Vorteile wahrzunehmen. Sie beherrschen die Gegenwart und sind ein „Macher".

Dieses Verhaltensmuster ist für Verkäufer sehr wichtig, weil sie Verkaufsprozesse zielstrebig, sicher und schnell zur Abschlussphase führen. Sie geben sich keinen Wunschträumen hin. Ihr Denken ist konkret und wirklichkeitsbezogen. Menschen vertrauen sich Ihnen an, weil Sie imponieren. Das ist Ihre Chance.

Die Gefahr dieser Dominanz: Weil die Gegenwart dominiert, wird die Zukunft oft unterbewertet. Die Planung zukünftiger Aktivitäten kommt dann zu kurz. Auch die Sensitivität ist nur schwach ausgeprägt.

Eine weitere Gefahr: Ihre Willenskraft und Ihr Durchsetzungsvermögen können von anderen als bedrohlich erlebt werden. Dies kann dazu führen, dass andere Sie ablehnen – und erschwert damit die partnerschaftliche Zusammenarbeit.

G-Dominanz

Dominanz der Großhirnfunktion. Die Großhirndominanz macht Sie zum Individualisten. Im Kontakt zu Fremden bleiben Sie gern auf Distanz. Sie lassen andere auch nur sehr bedingt wissen, was Sie fühlen und denken. Sie verfügen über die Fähigkeit, zukünftige Zeiträume planend zu durchdenken. Ihre Fähigkeiten liegen in der Strukturierung, der Konzeption und der Planung.

Ordnung ist für Sie sehr wichtig. Sie sind zukunftsorientiert. Mit Ihren logischen Ableitungen, Ihrer Systematik und Ihrer kompetenten Planung überzeugen Sie andere. Dies ist gerade im Beratungsverkauf sehr oft ausschlaggebend.

Gefahr dieser Dominanz: Als Verkäufer verschenken Sie Erfolg, weil Ihnen die Kontaktaufnahme zu fremden Menschen schwerfällt. Weil Sie kaum bereit sind, sich anderen zu öffnen, bleiben Sie für andere lange ein „unbekanntes Wesen". Diese anderen vermissen auch Ihre Hinwendung. Dies behindert die schnelle Bildung eines Vertrauensumfelds.

Grundsätzliches zur Auswertung

Wenn mehrere Dominanzen nahezu gleichwertig sind, dann schwächen sich die einzelnen Dominanzen entsprechend ab. Damit hören sie auf, Dominanzen zu sein. Sie bilden dann mit anderen Ausprägungen eine mehr oder weniger ausgewogene Einheit.

Literaturhinweise

Altmann, Hans Christian: *Positives Denken,* Frankfurt/Main 1989

Bänsch, Axel: *Käuferverhalten,* München 1998

Birkenbihl, Vera F.: *Fragetechnik schnell trainiert,* Landsberg/Lech 1997

Birkenbihl, Vera F.: *Kommunikationstraining,* Landsberg/Lech 1989

Bühler, Charlotte: *Psychologie im Leben unserer Zeit,* München 1962

Carnegie, Dale: *Sorge Dich nicht – lebe,* Bern (keine Jahresangabe)

Carnegie, Dale: *Wie man Freunde gewinnt,* München 1990

Correl, Werner: *Menschen durchschauen und richtig behandeln,* Landsberg/Lech 1988

Detroy, Erich-Norbert: *Einwände richtig beantworten,* Landsberg/Lech 1988

Detroy, Erich-Norbert: *Abschlussorientiert argumentieren,* Landsberg/Lech 1988

Fast, Julius: *Körpersprache,* Reinbek 1971

Fischer, Gert Heinz: *Verkaufsprozesse mit Interaktion,* Gernsbach 1981

Friedemann, Jan C.: *Kreditversicherung erfolgreich verkaufen,* Bordesholm 1999

Friedemann, Jan C.: *Erfolgreiches Umgangsverhalten im Außendienst,* Bordesholm 2002

Friedemann, Jan C.: Aktiv *verkaufen = mehr Umsatz,* Bordesholm 2003

Geffroy, Edgar K.: *Zeitmanagement für Verkäufer,* Landsberg/Lech 1993

Geffroy, Edgar K.: *Das Einzige was stört ist der Kunde,* Landsberg/Lech 1994

Goldmann, Heinz M.: *Wie man Kunden gewinnt,* Essen 1953

Griess/Zinnert: *Der Versicherungsmakler,* Karlsruhe 1997

Hierhold, Emil: *Sicher präsentieren – wirksamer vortragen,* Wien 1998

Jansen/Friedemann: *PC-Einsatz im Verkauf,* Landsberg/Lech 1985

Kirchhoff, Heinz: *Leichter, schneller, mehr verkaufen,* Düsseldorf 1968

Kirchner, Baldur: *Dialektische Rhetorik,* München 1974

Lay, Rupert: *Dialektik für Manager,* München 1974

Löpelmann, Martin: *Menschliche Mimik,* Berlin 1941

Lüscher, Max: *Die Harmonie im Team,* Düsseldorf 1988

Meffert, Heribert: *Marketing,* Wiesbaden 1986

Molcho, Samy: *Körpersprache,* München 1986

Peale, Norman Vincent: *Die Kraft positiven Denkens,* Bergisch-Gladbach 1986

Rau, Harald: *Key Account Management,* Wiesbaden 1994

Rückle, Horst: *Sind Sie ein guter Verkäufer?,* München 1976

Wage, Jan L.: *Psychologie und Technik des Verkaufsgespräches,* München 1969

Der Autor

Jan C. Friedemann ist Verkaufsprofi. Sehr früh schon interessierte er sich für die psychosoziologischen Motive in der Kaufentscheidung und für die Strukturen des Überzeugungsprozesses. Die Praxis des Marketings und der Vertriebsarbeit erwarb er in einem bedeutenden Großunternehmen im Rheinland. Seine Kenntnisse vom Beratungsverkauf und sein Wissen um Merchandizing vertiefte er im Außendienst eines internationalen Food-Konzerns. Seine letzte Angestelltenposition war die des Marketingsleiters in einem größeren mittelständischen Unternehmen.

Seit 1967 ist er selbstständig als Unternehmensberater und Verkaufstrainer tätig. 1972 beauftragte ihn das Bundeswirtschaftsministerium über das RKW mit der Entwicklung des Bundesfachseminars Verkaufsleiter, einer anerkannten Bildungseinrichtung für Führungskräfte im Vertrieb. Dieses dreiwöchige Management-Seminar leitete er erfolgreich über 20 Jahre.

1984 gründete er die Friedemann & Partner GmbH, Gesellschaft für marktorientierte Unternehmensführung. Damit schuf er den Rahmen, um mit qualifizierten Kollegen im Team zu arbeiten. Die so erhöhte Leistungskapazität führte zur Übernahme der gesamten verkäuferischen Personalentwicklung mehrerer großer, internationaler Finanzdienstleister und bekannter wissenschaftlich-technischer Gerätehersteller.

Das Thema dieses Buches hat der Autor im Lauf der Jahre in über 500 betriebsinternen und öffentlichen Seminaren behandelt.

Kontakt:

Jan C. Friedemann
Eiderkamp 20
24582 Bordesholm

E-Mail: friedemann.partner@t-online.de

Printed by Printforce, the Netherlands